普通高等教育"十四五"规划教材

金属压力加工原理及工艺实验教程

（第 2 版）

主编　魏立群　柳谋渊　付 斌

北 京

冶 金 工 业 出 版 社

2023

内 容 提 要

本书共分4篇，第1篇为实验数据分析方法，内容包括实验数据的基本处理方法、误差分析、实验数据的回归分析、实验数学模型的建立方法等。第2篇为金属塑性成形理论实验，内容包括金属塑性成形过程中金属变形与应变分布、金属塑性变形的流动与摩擦、塑性变形与组织性能、变形接触面变形力的分布等实验方案设计和实验结果分析等。第3篇为金属压力加工原理实验，内容包括金属轧制变形、轧制基本参数、轧制力能参数、挤压变形参数和挤压力、拉伸变形参数和拉伸力等实验方案设计和实验结果分析等。第4篇为金属压力加工工艺实验，内容包括型材轧制中的变形参数、孔型调整、板带轧制中压下规程设计、轧制的组织性能控制和管材轧制中孔腔形成原理、管材空心轧制变形规律等新加工方法实验方案设计和实验结果分析等。

本书可作为普通高等学校金属压力加工专业的教材，也可作为冶金企业工程技术人员培训用书或自学参考书。

图书在版编目 (CIP) 数据

金属压力加工原理及工艺实验教程/魏立群，柳谋渊，付斌主编. —2版. —北京：冶金工业出版社，2023.5

普通高等教育"十四五"规划教材

ISBN 978-7-5024-9495-7

Ⅰ.①金… Ⅱ.①魏… ②柳… ③付… Ⅲ.①金属压力加工—理论—高等学校—教材 ②金属压力加工—实验—高等学校—教材 Ⅳ.①TG3

中国国家版本馆 CIP 数据核字（2023）第 080193 号

金属压力加工原理及工艺实验教程（第 2 版）

出版发行	冶金工业出版社	电 话	(010)64027926
地 址	北京市东城区嵩祝院北巷 39 号	邮 编	100009
网 址	www.mip1953.com	电子信箱	service@ mip1953.com

责任编辑 杜婷婷 马媛馨 美术编辑 吕欣童 版式设计 郑小利
责任校对 葛新霞 责任印制 窦 唯
北京印刷集团有限责任公司印刷
2011 年 8 月第 1 版，2023 年 5 月第 2 版，2023 年 5 月第 1 次印刷
787mm×1092mm 1/16；15.25 印张；370 千字；225 页
定价 49.00 元

投稿电话 (010)64027932 投稿信箱 tougao@cnmip.com.cn
营销中心电话 (010)64044283
冶金工业出版社天猫旗舰店 yjgycbs.tmall.com

（本书如有印装质量问题，本社营销中心负责退换）

第 2 版前言

自 2011 年 8 月本书第 1 版出版以来，受到高等院校金属压力加工专业师生和冶金行业相关工程技术人员的欢迎和好评。本书针对高等院校应用型本科人才培养要求和教学特点，以"加强理论、突出应用、强调理论联系实际、注重培养学生理论应用和技术创新的能力"为指导思想，本着理论与应用并重的原则，尽可能使书中内容接近学科的前沿，力求反映本学科的发展水平。同时凸显应用特色，适应应用型高等院校金属压力加工专业本科教学的要求。

近年来，随着计算机信息技术、大数据技术、人工智能技术及绿色制造技术等在冶金和金属压力加工领域的不断应用，有必要对第 1 版教材的部分内容进行调整和增补，以满足教学及广大读者的需求。本书保留了第 1 版教材的结构体系，对一些章节内容进行了修订，并新增了第 2 篇"金属塑性成形理论实验"等内容。

本书由上海应用技术大学魏立群、柳谋渊、付斌担任主编，经晓蓉参编。具体编写分工为：付斌负责第 1 篇和第 2 篇部分实验的编写和修订，魏立群负责第 2 篇部分实验和第 3 篇的编写和修订，经晓蓉负责第 4 篇的实验 19 至实验 25 的编写和修订，柳谋渊负责第 4 篇的实验 26 至实验 39 的编写和修订。全书由魏立群、柳谋渊、付斌负责统稿。

本书的出版得到了"上海市冶金工艺和设备检测技术服务平台（课题编号 No. 11DZ2292800）"的资助，编写中参考了有关文献资料，编者在此一并表示感谢。

由于编者水平所限，书中不妥之处，敬请广大读者批评指正。

编　者
2022 年 7 月于上海

第1版前言

科学技术的不断发展，特别是金属压力加工新技术的不断涌现，对金属材料的轧制成形、挤压成形、拉伸成形等技术和工艺提出了更高的新的要求。为满足现代金属压力加工专业人才培养和工程技术人员培训的需求，特别是应用型本科学生的学习需求，需要编写一本与《金属压力加工原理》和《金属压力加工工艺学》相配套的实验教材。本书就是在这样的背景下编写的。

本书从介绍实验数据处理分析、实验数据模型回归分析等基本实验技能入手，以设计性综合实验为主线，从金属压力加工原理（轧制、挤压和拉伸等）到金属压力加工工艺（型材轧制、板带轧制和管材轧制等）系统设计实验项目，积极引导学生正确使用实验设备仪器、科学设计实验过程、深入分析实验结果、探索发现科学问题，以达到培养学生对所学的知识的理解和提高学生的科学研究和创新能力的目的。

全书共分3篇。第1篇为实验数据分析方法，主要介绍实验数据的误差分析和实验数据的回归分析方法。第2篇为金属压力加工原理实验，主要介绍金属轧制过程建立、轧制变形、轧制基本参数（如摩擦系数、轧件塑性系数、轧机刚度系数等）、轧制力能参数、挤压变形参数和挤压力、拉伸变形、拉拔力和拉伸安全系数分析等的实验方法及分析。第3篇为金属压力加工工艺实验，主要介绍板材、管材和型材生产工艺中的变形制度、孔型的调整、板形问题、轧制的组织性能、孔腔形成机理、附加变形规律、轧制稳定性问题等实验方法及分析。每个实验都设有实验思考题和实验分析要点等，以便学生自主学习。全书内容充分体现"理论教学，实验教学，科学研究"相统一的原则，教材体系充分反映传统与现代、理论与实际、传承与创新相结合的特色。

本书可作为高等学校金属压力加工本科专业的教学用书，也可以作为金属压力加工专科学生和冶金企业工程技术人员的培训教材，教材适用 50～60 学时。

本书由上海应用技术学院魏立群、柳谋渊任主编，付斌和经晓蓉参编。具体编写分工为：付斌编写第 1 篇、魏立群编写第 2 篇、经晓蓉编写第 3 篇实验 13 至实验 19、柳谋渊编写第 3 篇实验 20 至实验 33，全书由魏立群、柳谋渊统稿。

另外，本书的编写工作得到了"上海市冶金工艺和设备检测技术服务平台（课题编号 No.09DZ2292800）"的资助，作者在此深表感谢。

由于本书涉及金属材料的轧制、挤压和拉拔原理和金属板管型轧制工艺等实验设计和应用，内容比较广，限于编者知识水平，书中的不当之处，望读者不吝指正。

编　者

2011 年 5 月于上海

目　　录

第1篇　实验数据分析方法

第2篇　金属塑性成形理论实验

第 3 篇　金属压力加工原理实验

第 4 篇　金属压力加工工艺实验

第1篇 实验数据分析方法

实验1 误差理论及误差分析

1.1 实 验 目 的

(1) 了解误差的基本概念和表示方法。
(2) 掌握误差的分类和来源。
(3) 掌握利用 Excel 对实验数据进行误差分析的方法。

1.2 实 验 原 理

1.2.1 误差的基本概念

(1) 绝对误差。实验值与真值之差称为绝对误差，即：绝对误差＝测得值－真值。一般所指的误差就是绝对误差。如果用 x、x_t、Δx 分别表示实验值、真值和绝对误差，则有：

$$\Delta x = x - x_t \tag{1-1}$$

(2) 相对误差。绝对误差与被测量的真值之比称为相对误差。因测得值与真值接近，故也可以近似用绝对误差与测得值之比值作为相对误差。如果用 E_R 表示相对误差，则有：

$$E_R = \frac{\Delta x}{x_t} \tag{1-2}$$

(3) 算术平均误差。如果用 x_i 表示实验值，$\bar{x}$ 表示算术平均值，则算术平均误差 Δ 可表示为：

$$\Delta = \frac{\sum_{i=1}^{n} |x_i - \bar{x}|}{n} \tag{1-3}$$

(4) 标准误差。当实验次数 n 趋于无穷大时，标准误差也称为总体标准差 σ，可表示为：

$$\sigma = \sqrt{\frac{\sum\limits_{i=1}^{n} (x_i - \overline{x})^2}{n}} \tag{1-4}$$

而在实际实验过程中，实验次数总是有限的，真值只能用最佳值代替，于是定义样本标准差 s 可表示为：

$$s = \sqrt{\frac{\sum\limits_{i=1}^{n} (x_i - \overline{x})^2}{n-1}} \tag{1-5}$$

1.2.2　实验误差的来源及分类

根据误差产生的原因和性质，误差可分为系统误差、随机误差和过失误差（粗差）。

系统误差是指由某个或者某些因素按照某一确定规律所引起的误差。仪器本身、个人主观等因素都是产生系统误差的原因。

随机误差是由实验过程中的偶然因素引起的，是不可预知变化规律的误差。随机误差一般服从正态分布，可通过多次实验减小随机误差。

过失误差是一种显然与事实不符的误差，没有一定的规律，一般是由于实验人员的误操作所造成的。实验过程中，应当避免过失误差。

1.2.3　实验数据的精准度

误差的大小可反映实验结果的好坏，而误差可能是由于系统误差或随机误差单独产生的，也可能是二者共同作用的结果。因此，引入精密度、正确度和准确度三个重要概念。

（1）精密度。精密度表示实验结果中随机误差大小的程度，是指在一定的条件下，进行多次、重复实验结果的符合程度。

（2）正确度。正确度表示实验结果中系统误差大小的程度，是指在规定的条件下，测量中所有系统误差的综合。

（3）准确度。准确度反映了系统误差与随机误差的综合，其表示实验结果与真值的一致程度。

1.2.4　随机误差的检验

1.2.4.1　χ^2 检验

χ^2 检验适用于一个总体方差的检验，即在总体方差 σ^2 已知的条件下，对实验结果的随机误差或精密度进行检验。

设有一组数据服从正态分布，则 $\chi^2 = \dfrac{(n-1)s^2}{\sigma^2}$ 服从自由度为 $df = n-1$ 的 χ^2 分布。对于给定的显著性水平 α，比较 χ^2 值与临界值的大小，即可做出结论。

双边检验时，如果 $\chi^2_{1-\frac{\alpha}{2}} < \chi^2 < \chi^2_{\frac{\alpha}{2}}$，则该实验数据方差与原总体方差无显著差异，否则有显著性差异。

单边检验时，如果 $\chi^2 > \chi^2_{1-\alpha}(df)$，$\chi^2 < df$，则该实验数据方差与原总体方差无显著减

小，否则有显著减小；如果 $\chi^2 < \chi_\alpha^2\,(df)$，$\chi^2 > df$，则该实验数据方差与原总体方差无显著增加，否则有显著增加。

1.2.4.2 *F* 检验

F 检验适用于两组具有正态分布的实验数据之间的精密度比较。

设有两组数据都服从正态分布，且样本方差分别为 s_1^2 和 s_2^2，则 $F = \dfrac{s_1^2}{s_2^2}$ 服从第一自由度为 $df_1 = n_1 - 1$、第二自由度为 $df_2 = n_2 - 1$ 的 *F* 分布。对于给定的显著性水平 α，比较 *F* 值和临界值的大小，即可做出结论。

双边检验时，如果 $F_{1-\frac{\alpha}{2}}(df_1,\ df_2) < F < F_{\frac{\alpha}{2}}(df_1,\ df_2)$，则两方差无显著差异，否则有显著性差异。

单边检验时，如果 $F < 1$ 且 $F > F_{(1-\alpha)}(df_1,\ df_2)$，则方差 1 比方差 2 无显著减小，否则有显著减小；如果 $F > 1$ 且 $F < F_\alpha(df_1,\ df_2)$，则方差 1 比方差 2 无显著增加，否则有显著增加。

1.2.5 系统误差的检验

1.2.5.1 平均值与给定值的比较

如果有一组数据服从正态分布，要检验该组数据的算术平均值与给定值是否有显著性差异，则检验统计量

$$t = \frac{\bar{x} - \mu_0}{s / \sqrt{n}} \tag{1-6}$$

服从自由度 $df = n - 1$ 的 *t* 分布。对于给定的显著性水平 α，比较 *t* 值与临界值的大小，即可得到结论。

双边检验时，如果 $|t| < t_{\frac{\alpha}{2}}$，则该组数据的平均值与给定值无显著性差异，否则有显著性差异。

单边检验时，如果 $t < 0$，且 $|t| < t_\alpha$，则该组数据的平均值与给定值无显著性减小，否则有显著性减小；如果 $t > 0$，且 $t < t_\alpha$，则该组数据的平均值与给定值无显著增加，否则有显著性增加。

1.2.5.2 两组数据平均值的比较

设有两组数据都服从正态分布，根据两组数据的方差是否存在显著性差异，分两种情况分析。

（1）如果两组数据的方差无显著性差异时，则统计量

$$t = \frac{\bar{x}_1 - \bar{x}_2}{s} \sqrt{\frac{n_1 n_2}{n_1 + n_2}} \tag{1-7}$$

服从自由度 $df = n_1 + n_2 - 2$ 的 *t* 分布，其中 *s* 为合并标准差，其计算式为：

$$s = \frac{(n_1 - 1)s_1^2 + (n_2 - 1)s_2^2}{n_1 + n_2 - 2} \tag{1-8}$$

（2）如果两组数据的方差或精密度存在显著性差异，则统计量

$$t = \frac{\overline{x}_1 - \overline{x}_2}{\sqrt{\dfrac{s_1^2}{n_1} + \dfrac{s_2^2}{n_2}}} \tag{1-9}$$

服从自由度为 df 的 t 分布，其中，

$$df = \frac{(s_1^2/n_1 + s_2^2/n_2)^2}{\dfrac{(s_1^2/n_1)^2}{n_1+1} + \dfrac{(s_2^2/n_2)^2}{n_2+1}} - 2 \tag{1-10}$$

对于给定的显著性水平 α，比较 t 值与临界值的大小，即可得到结论。

双边检验时，如果 $|t| < t_{\frac{\alpha}{2}}$，则两组数据的平均值无显著性差异，否则有显著性差异。

单边检验时，如果 $t < 0$，且 $|t| < t_\alpha$，则平均值 1 较平均值 2 无显著性减小，否则有显著性减小；如果 $t > 0$，且 $t < t_\alpha$，则平均值 1 较平均值 2 无显著增加，否则有显著性增加。

1.3　实验方法与步骤

下面分别举例说明利用 Excel 进行数据误差处理及分析的方法与步骤。

1.3.1　各类误差的计算

例 1-1　对某金属材料产品进行抽样，测得产品中铝含量（质量分数,%）的数据为 62.23、62.48、62.11、62.52、62.35、62.25、62.18、62.24、62.43、62.34。求该组数据的平均值、算术平均误差、总体标准差及样本标准差。

具体步骤如下。

（1）打开 Excel 电子表格，在表格中输入原始数据并在 C 列列出相关统计量名称，如图 1-1 所示。

（2）选中 D8 单元格，鼠标指针移至工具栏 $\boxed{\Sigma}$ ▾ 处，单击右侧的黑三角，并选择平均值，如图 1-2 所示。

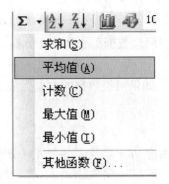

图 1-1　数据及统计量名称输入　　　　图 1-2　选择平均值函数公式

（3）拖动 ✚ 光标，选中 B2：B11，输入回车键后即可得到平均值。

（4）选中 D9 单元格，鼠标指针移至编辑栏图标 *fx* 处，并左键单击，弹出"插入函数"对话框。在"或选择类别（C）："项下选择"统计"，在"选择函数（N）："项下选中"AVEDEV"算术平均误差函数后，单击确定，如图 1-3 所示。

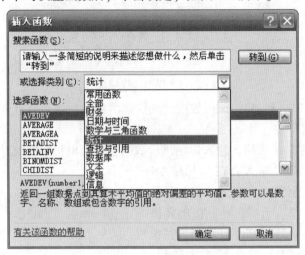

图 1-3 "插入函数"对话框

（5）弹出"函数参数"对话框，单击 🔳 后，拖动 ✚ 光标，选中 B2：B11 后，再单击 🔳 返回"函数参数"对话框。单击确定后得到算术平均误差，如图 1-4 所示。

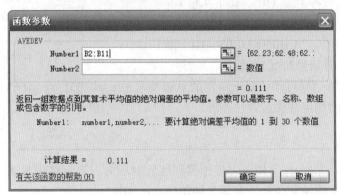

图 1-4 "函数参数"对话框

（6）同理，在 D10 单元格中输入"＝STDEVP（B2：B11）"，按回车键后计算得到总体标准差；在 D11 单元格中输入"＝STDEV（B2：B11）"，按回车键后得到样本标准差。计算结果如图 1-5 所示。

1.3.2 χ^2 检验

例 1-2 用洛氏硬度计对某样本进行硬度测定，在正常情况下的测定方差 $\sigma^2 = 0.3^2$，硬度计经检修后，用其测定同样的样品，测得硬度值分别为 56.43、56.24、56.38、

	A	B	C	D
1	序号	试验值		
2	1	62.23		
3	2	62.48		
4	3	62.11		
5	4	62.52		
6	5	62.35		
7	6	62.25		
8	7	62.18	平均值	62.313
9	8	62.24	算术平均误差	0.111
10	9	62.43	总体标准差	0.127
11	10	62.34	样本标准差	0.134

图 1-5 误差计算结果

56.21、56.27、56.71、56.63，试问硬度计经检修后稳定性是否有显著性差异。

具体步骤如下。

（1）打开 Excel 电子表格，输入原始试验数据，并列出相应的统计量。

（2）根据统计量的输入，在单元格 D1 中输入 "=A8-1"，计算自由度 df；在单元格 D2 中输入 "=0.3∧2"，计算 σ^2；在单元格 D3 中输入 "=VAR(B2:B8)"，计算 s^2；在单元格 D4 中输入 "=D1*D3/D2"，计算 χ^2；在单元格 D5 中输入 "0.05"；在单元格 D6 中输入 "=CHIINV(0.025, D1)"，计算 $\chi^2_{0.025}(6)$；在单元格 D7 中输入 "=CHIINV(0.975, D1)"，计算 $\chi^2_{0.975}(6)$；在单元格 D8 中输入 "=CHIINV(0.95,D1)"，计算 $\chi^2_{0.95}(6)$；在单元格 D9 中输入 "CHIINV(0.05, D1)"，计算 $\chi^2_{0.05}(6)$。计算结果如图 1-6 所示。

	A	B	C	D
1	序号	试验值	df	6
2	1	56.43	σ^2	0.09
3	2	56.24	s^2	0.038
4	3	56.38	χ^2	2.536
5	4	56.21	α	0.05
6	5	56.27	$\chi^2_{0.025}(6)$	14.449
7	6	56.71	$\chi^2_{0.975}(6)$	1.237
8	7	56.63	$\chi^2_{0.95}(6)$	1.635
9			$\chi^2_{0.05}(6)$	12.592

图 1-6 χ^2 检验计算结果

（3）根据计算结果可知，对于给定的显著性水平 $\alpha = 0.05$，$\chi^2_{0.975}(6) < \chi^2 < \chi^2_{0.025}(6)$，所以仪器经检修后稳定性无显著性差异。

1.3.3 F 检验

例 1-3 A、B 两个同学用压力传感器测定轧制压力，测定结果见表 1-1。试问 A、B 两人测定轧制压力的精密度是否有显著性差异（$\alpha = 0.05$）。

表 1-1 A、B 两人测得的轧制压力数据 （kN）

测定者	序 号							
	1	2	3	4	5	6	7	8
A 同学	120.34	120.54	120.65	120.42	120.44	120.56	120.38	120.55
B 同学	120.58	120.47	120.34	120.46	120.45	120.37	120.46	

具体步骤如下。

（1）建立 Excel 电子表格，分别输入 A、B 两同学测试数据，如图 1-7 所示。

（2）点击菜单栏"工具"，单击"加载宏（I）"，如图1-8所示。

	A	B	C
1	序号	A同学	B同学
2	1	120.34	120.58
3	2	120.54	120.47
4	3	120.65	120.34
5	4	120.42	120.46
6	5	120.44	120.45
7	6	120.56	120.37
8	7	120.38	120.46
9	8	120.55	

图1-7　原始数据输入表　　　　　图1-8　在"工具"菜单栏单击"加载宏"

（3）进入"加载宏"对话框，选中"分析工具库"，单击确定，如图1-9所示。

（4）在菜单栏单击"工具"下拉菜单，单击"数据分析（D）"子菜单，如图1-10所示。

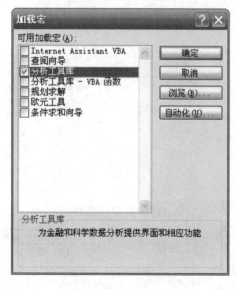

图1-9　"加载宏"对话框选中"分析工具库"　　　图1-10　在"工具"菜单栏单击"数据分析"

（5）进入"数据分析"对话框，选择"F-检验　双样本方差"，单击确定，如图1-11所示。

（6）进入"F-检验　双样本方差"对话框，在"变量1的区域（1）："中单击，

图 1-11　"数据分析"对话框选择"F-检验　双样本方差"

选中 B1:B9 单元格；在"变量 2 的区域（2）:"中单击⚬，选中 C1:C8 单元格。勾选"标志（L）"，在"α(A)"输入"0.05"；在"输出选项"选择"输出区域（O）"，单击⚬，选中 A11 单元格，如图 1-12 所示。

图 1-12　"F-检验　双样本方差"对话框参数输入

（7）单击确定，得到方差分析结果，如图 1-13 所示。

由输出结果分析，$F > 1$，为右边检验，由于 $F <$ "F 单尾临界"，所以 A 同学与 B 同学测定轧制压力的精密度无显著性差异。

1.3.4　t 检验

例 1-4　用卡尺测定了厚度为 2mm 的冷轧薄板，6 次的测量结果分别为 2.02、2.00、2.04、1.98、2.02、2.00。

（1）试检验测量的结果是否存在系统误差？

（2）该卡尺测量结果与标准值是否明显增大？

具体步骤如下。

（1）建立 Excel 工作表，输入测量结果。

	A	B	C
1	序号	A同学	B同学
2	1	120.34	120.58
3	2	120.54	120.47
4	3	120.65	120.34
5	4	120.42	120.46
6	5	120.44	120.45
7	6	120.56	120.37
8	7	120.38	120.46
9	8	120.55	
10			
11	F-检验 双样本方差分析		
12			
13		A同学	B同学
14	平均	120.485	120.447
15	方差	0.0112	0.00599
16	观测值	8	7
17	df	7	6
18	F	1.86963434	
19	P(F<=f) 单尾	0.231725108	
20	F 单尾临界	4.206658488	

图 1-13　"F-检验　双样本方差"分析结果

（2）在单元格 D2 中输入"6"；在单元格 D3 中输入"＝D2-1"，计算自由度 df；在单元格 D4 中输入"＝AVERAGE（B2：B7）"，计算平均值；在单元格 D5 中输入"＝STDEV（B2：B7）"，计算样本标准差；在单元格 D6 中输入"2"；在单元格 D7 中输入"＝（D4-D6）＊D2∧0.5/D5"，计算出 t 值；在单元格 D7 中输入显著性水平"0.05"；在单元格 D9 中输入"＝TINV（0.05，5）"，得到双边检验临界值（5）；在单元格 D10 中输入"＝TINV$t_{0.025}$（0.1，5）"，得到单边检验临界值 $t_{0.05}$（5）。计算结果如图 1-14 所示。

	A	B	C	D
1	序号	测量值	统计量	
2	1	2.02	n	6
3	2	2.00	df	5
4	3	2.04	平均值	2.01
5	4	1.98	s	0.021
6	5	2.02	μ_0	2
7	6	2.00	t	1.168
8			α	0.05
9			$t_{0.025}(5)$	2.570582
10			$t_{0.05}(5)$	2.015048

图 1-14　计算结果

（3）双边检验，由于 $t < t_{0.025}(5)$，所以测量结果不存在系统误差。单边检验，由于 $t > 0$，且 $t < t_{0.05}(5)$，所以测量结果与标准值也没有显著增加。

例 1-5　用两种不同轧制工艺进行轧制实验，分别测得材料在不同轧制工艺制度下的抗拉强度，测定结果见表 1-2。试问两种工艺条件下材料的抗拉强度是否存在系统误差（$\alpha = 0.05$）。

表 1-2　两种不同轧制工艺材料的抗拉强度　　　　　　　　（MPa）

测定方法	序　号							
	1	2	3	4	5	6	7	8
工艺 1	812	822	825	831	828	832	819	826
工艺 2	845	851	842	839	840	846	852	838

具体步骤如下。

（1）建立 Excel 工作表，输入实验数据，如图 1-15 所示。

（2）在菜单栏单击"工具"下拉菜单，单击"数据分析"子菜单，然后选中"F-检验　双样本方差"工具，单击确定。

（3）出现"F-检验　双样本方差"对话框，具体参数设置如图 1-16 所示。

	A	B	C
1	序号	工艺1	工艺2
2	1	812	845
3	2	822	851
4	3	825	842
5	4	831	839
6	5	828	840
7	6	832	846
8	7	819	852
9	8	826	838

图 1-15　实验数据输入

图 1-16　"F-检验　双样本方差"对话框的设置

（4）单击确定，检验结果如图 1-17 所示。由方差检验结果可得，两种工艺方差无显著性差异。因此，检验平均值时应选用等方差 t 检验。

（5）在"工具"菜单下选择"数据分析"子菜单，然后选中"t-检验：双样本等方差假设"，单击确定，如图 1-18 所示。

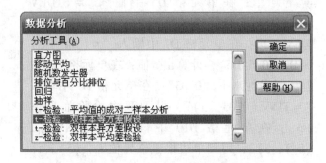

F-检验 双样本方差分析		
	工艺1	工艺2
平均	824.375	844.125
方差	43.69643	28.41071
观测值	8	8
df	7	7
F	1.538026	
P(F<=f) 单尾	0.291996	
F 单尾临界	3.787044	

图 1-17　"F-检验　双样本方差"分析结果

图 1-18　"数据分析"对话框中选中
"t-检验：双样本等方差假设"

（6）进入"t-检验：双样本等方差假设"对话框，在"假设平均差（E）："中输入的是样本平均值的差值，一般输入 0，表示假设样本平均值相同，如图 1-19 所示。

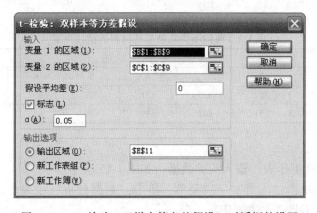

图 1-19　"t-检验：双样本等方差假设"对话框的设置

（7）双样本等方差 t 检验结果如图 1-20 所示。"合并方差"为按式（1-8）的计算结果；"t Stat"为按式（1-7）的计算结果；"t 单尾临界"等于函数 TINV(0.10, 14) 的计算结果，表示单边 t 检验临界值 $t_{0.05}(14)$；"t 双尾临界"等于函数 TINV(0.05,14) 的计算结果，表示单边 t 检验临界值 $t_{0.025}(14)$；"P(T<=t) 单尾"等于函数 TTEST(B2:B9, C2:C9, 1, 2) 的计算结果，表示两平均值相同的单尾概率；"P(T<=t) 双尾"等于函数 TTEST(B2:B9, C2:C9, 2, 2) 的计算结果，表示两平均值相同的双尾概率。

（8）由计算结果可知，由于 $|t|$ > "t 双尾临界"，"P(T<=t) 双尾" <0.05，所以两种轧制工艺条件下材料的抗拉强度有显著差异。

t-检验：双样本等方差假设		
	工艺1	工艺2
平均	824.375	844.125
方差	43.69643	28.41071
观测值	8	8
合并方差	36.05357	
假设平均差	0	
df	14	
t Stat	-6.57844	
P(T<=t) 单尾	6.16E-06	
t 单尾临界	1.76131	
P(T<=t) 双尾	1.23E-05	
t 双尾临界	2.144787	

图 1-20　双样本等方差 t 检验结果

思考与讨论

1-1　误差按性质可分为哪几种？简述各类误差出现的原因及特点。

1-2　简述 χ^2 检验、F 检验、t 检验的适用范围及步骤。

1-3　前面介绍了利用 Excel 进行双样本等方差平均值的检验的操作步骤，试用 Excel 进行双样本异方差平均值的检验。

实验 2　实验数据的回归分析

2.1　实　验　目　的

(1) 了解回归分析的基本概念。
(2) 掌握回归方程的建立原理。
(3) 掌握回归方程的方差分析及显著性检验的原理。
(4) 掌握利用 Excel 对实验数据进行回归分析的方法。

2.2　实　验　原　理

2.2.1　一元线性回归及回归效果的检验

设有一组实验数据 x_i、y_i($i=1,2,\cdots,n$)，其中 x 为自变量，y 为因变量，且 x、y 符合线性关系，可拟合为直线方程，即

$$\hat{y}_i = a + bx_i \tag{2-1}$$

式 (2-1) 就是变量 x、y 的一元线性回归方程，其中 a、b 为回归系数。如果将 $\hat{y}_i$ 与 y_i 的偏差称为残差，用 e_i 表示，则有：

$$e_i = y_i - \hat{y}_i = y_i - (a + bx_i) \tag{2-2}$$

其平方和为：

$$S = \sum_{i=1}^{n} e_i^2 = \sum_{i=1}^{n} \left[y_i - (a + bx_i) \right]^2 \tag{2-3}$$

为了保证回归方程与实验值的吻合程度达到最好，应使残差平方和最小，即

$$\begin{cases} \dfrac{\partial S}{\partial a} = -2 \sum_{i=1}^{n} (y_i - a - bx_i) = 0 \\[2mm] \dfrac{\partial S}{\partial b} = -2 \sum_{i=1}^{n} x_i (y_i - a - bx_i) = 0 \end{cases} \tag{2-4}$$

可得到正规方程组：

$$\begin{cases} na + b \sum_{i=1}^{n} x_i = \sum_{i=1}^{n} y_i \\[2mm] a \sum_{i=1}^{n} x_i + b \sum_{i=1}^{n} x_i^2 = \sum_{i=1}^{n} x_i y_i \end{cases} \tag{2-5}$$

对方程组 (2-5) 求解，可得到：

$$b = \frac{n\sum\limits_{i=1}^{n} x_i y_i - \left(\sum\limits_{i=1}^{n} x_i\right)\left(\sum\limits_{i=1}^{n} y_i\right)}{n\sum\limits_{i=1}^{n} x_i^2 - \left(\sum\limits_{i=1}^{n} x_i\right)^2} = \frac{\sum\limits_{i=1}^{n} x_i y_i - n\,\bar{x}\,\bar{y}}{\sum\limits_{i=1}^{n} x_i^2 - n(\bar{x})^2} \tag{2-6}$$

$$a = \bar{y} - b\bar{x} \tag{2-7}$$

为了计算简单方便，可令：

$$L_{xx} = \sum_{i=1}^{n} (x_i - \bar{x})^2 = \sum_{i=1}^{n} x_i^2 - n(\bar{x})^2 \tag{2-8}$$

$$L_{xy} = \sum_{i=1}^{n} (x_i - \bar{x})(y_i - \bar{y}) = \sum_{i=1}^{n} x_i y_i - n\,\bar{x}\,\bar{y} \tag{2-9}$$

则可得到回归系数另一种表达式：

$$b = \frac{L_{xy}}{L_{xx}} \tag{2-10}$$

对于上述的回归方法，一组杂乱无章或者并不满足线性关系的数据也可利用最小二乘法计算得到一个回归方程，但显然得到的方程是没有意义的。只有当各观测点分布接近于一条直线时方能进行回归分析。因此，对回归方程拟合效果进行检验就显得十分重要。这里介绍两种检验方法，即方差分析法和相关系数法。

2.2.1.1　方差分析法

对于一组实验值 $y_i(i = 1, 2, 3, \cdots, n)$，实验值 y_i 与其算术平均值 $\bar{y}$ 的偏差称为总离差平方和，即

$$SS_{\mathrm{T}} = \sum_{i=1}^{n} (y_i - \bar{y})^2 \tag{2-11}$$

回归值 $\hat{y}$ 与算术平均值 $\bar{y}$ 的偏差称为回归平方和，即

$$SS_{\mathrm{R}} = \sum_{i=1}^{n} (\hat{y} - \bar{y})^2 \tag{2-12}$$

实验值 y_i 与回归值 $\hat{y}$ 的偏差称为残差平方和，即

$$SS_{\mathrm{e}} = \sum_{i=1}^{n} (y_i - \hat{y})^2 \tag{2-13}$$

每个平方和都有一个自由度与之相联系，总离差平方和自由度为：

$$df_{\mathrm{T}} = n - 1 \tag{2-14}$$

回归平方和自由度为：

$$df_{\mathrm{R}} = 1 \tag{2-15}$$

残差平方和自由度为：

$$df_{\mathrm{e}} = df_{\mathrm{T}} - df_{\mathrm{R}} = n - 2 \tag{2-16}$$

均方差为平方和除以它们各自的自由度，回归均方差为：

$$MS_{\mathrm{R}} = \frac{SS_{\mathrm{R}}}{df_{\mathrm{R}}} \tag{2-17}$$

残差均方差为：

$$MS_e = \frac{SS_e}{df_e} \tag{2-18}$$

计算统计量：

$$F = \frac{MS_R}{MS_e} \tag{2-19}$$

F 服从自由度为 $(1, n-2)$ 的 F 分布。在给定的显著性水平 α 下，可查得 $F_\alpha(1, n-2)$。如果 $F > F_\alpha(1, n-2)$，则回归方程具有显著的线性关系。

2.2.1.2　相关系数法

相关系数 R 可衡量两个变量之间线性相关关系的密切程度。R 可用式（2-20）表示：

$$R = \frac{L_{xy}}{\sqrt{L_{xx}L_{yy}}} \tag{2-20}$$

式中

$$L_{yy} = \sum_{i=1}^{n} (y_i - \bar{y})^2 = \sum_{i=1}^{n} y_i^2 - n(\bar{y})^2 \tag{2-21}$$

如果 $R = 1$，则表明 x 与 y 完全线性相关。

如果 $R = 0$，则表明回归直线平行于 x 轴，即 x 与 y 没有线性关系。

如果 $0 < |R| < 1$，则表明 x 与 y 间存在着一定的线性关系。

当 $R > 0$ 时，y 随着 x 的增加而增加，称 x 与 y 正线性相关；当 $R < 0$ 时，y 随着 x 的增加而减小，称 x 与 y 负线性相关。

2.2.2　多元线性回归及回归效果的检验

前面所讨论的是只有两个变量的情况，而对于大多数的实际情况而言，自变量往往不止一个，这类问题称为多元回归问题。多元回归中最简单且最基本的是多元线性回归，其基本原理和方法与一元线性回归相同，但计算量较大。

若因变量 y 与自变量 x_i 之间的近似函数关系式为：

$$\hat{y} = a + b_1 x_1 + b_2 x_2 + \cdots + b_m x_m \tag{2-22}$$

则称式（2-22）为多元线性回归方程。

$$\begin{cases} \dfrac{\partial S}{\partial a} = 2\sum_{i=1}^{n} [(-1)(y_i - a - b_1 x_{1i} - b_2 x_{2i} - \cdots - b_m x_{mi})] = 0 \\[2mm] \dfrac{\partial S}{\partial b_1} = 2\sum_{i=1}^{n} [(-x_{1i})(y_i - a - b_1 x_{1i} - b_2 x_{2i} - \cdots - b_m x_{mi})] = 0 \\[2mm] \dfrac{\partial S}{\partial b_2} = 2\sum_{i=1}^{n} [(-x_{2i})(y_i - a - b_1 x_{1i} - b_2 x_{2i} - \cdots - b_m x_{mi})] = 0 \\[2mm] \qquad\qquad\qquad\vdots \\[2mm] \dfrac{\partial S}{\partial b_m} = 2\sum_{i=1}^{n} [(-x_{mi})(y_i - a - b_1 x_{1i} - b_2 x_{2i} - \cdots - b_m x_{mi})] = 0 \end{cases} \tag{2-23}$$

可得到正规方程组：

$$\begin{cases} na + b_1 \sum_{i=1}^{n} x_{1i} + b_2 \sum_{i=1}^{n} x_{2i} + \cdots + b_m \sum_{i=1}^{n} x_{mi} = \sum_{i=1}^{n} y_i \\ a \sum_{i=1}^{n} x_{1i} + b_1 \sum_{i=1}^{n} x_{1i}^2 + b_2 \sum_{i=1}^{n} x_{1i}x_{2i} + \cdots + b_m \sum_{i=1}^{n} x_{1i}x_{mi} = \sum_{i=1}^{n} x_{1i}y_i \\ a \sum_{i=1}^{n} x_{2i} + b_1 \sum_{i=1}^{n} x_{1i}x_{2i} + b_2 \sum_{i=1}^{n} x_{2i}^2 + \cdots + b_m \sum_{i=1}^{n} x_{2i}x_{mi} = \sum_{i=1}^{n} x_{2i}y_i \\ \qquad \vdots \\ a \sum_{i=1}^{n} x_{mi} + b_1 \sum_{i=1}^{n} x_{1i}x_{mi} + b_2 \sum_{i=1}^{n} x_{2i}x_{mi} + \cdots + b_m \sum_{i=1}^{n} x_{mi}^2 = \sum_{i=1}^{n} x_{mi}y_i \end{cases} \tag{2-24}$$

如果令：

$$\bar{x}_j = \frac{1}{n} \sum_{i=1}^{n} x_{ji}, \quad j = 1, 2, \cdots, m \tag{2-25}$$

$$\bar{y} = \frac{1}{n} \sum_{i=1}^{n} y_j, \quad j = 1, 2, \cdots, n \tag{2-26}$$

$$L_{jj} = \sum_{i=1}^{n} (x_{ji} - \bar{x}_j)^2 = \left(\sum_{i=1}^{n} x_{ji}^2 \right) - n(\bar{x}_j)^2, \quad j = 1, 2, \cdots, m \tag{2-27}$$

$$L_{jk} = L_{kj} = \sum_{i=1}^{n} (x_{ji} - \bar{x}_j)(x_{ki} - \bar{x}_k) = \left(\sum_{i=1}^{n} x_{ji}x_{ki} \right) - n\bar{x}_j\bar{x}_k, \quad j, \ k = 1, 2, \cdots, m \ (j \neq k)$$
$$\tag{2-28}$$

$$L_{jy} = \sum_{i=1}^{n} (x_{ji} - \bar{x}_j)(y_i - \bar{y}) = \left(\sum_{i=1}^{n} x_{ji}y_i \right) - n\bar{x}_j\bar{y}, \quad j = 1, 2, \cdots, m \tag{2-29}$$

则上述正规方程组可写成：

$$\begin{cases} a = \bar{y} - b_1\bar{x}_1 - b_2\bar{x}_2 - \cdots - b_m\bar{x}_m \\ L_{11}b_1 + L_{12}b_2 + \cdots + L_{1m}b_m = L_{1y} \\ L_{21}b_1 + L_{22}b_2 + \cdots + L_{2m}b_m = L_{2y} \\ \qquad \vdots \\ L_{m1}b_1 + L_{m2}b_2 + \cdots + L_{mm}b_m = L_{my} \end{cases} \tag{2-30}$$

多元线性回归效果的检验与一元线性回归相似，同样包括方差分析法与相关系数法。

2.2.2.1 方差检验法

总偏差平方和可表示为：

$$SS_{\text{T}} = \sum_{i=1}^{n} (y_i - \bar{y})^2 \tag{2-31}$$

回归偏差平方和可表示为：

$$SS_{\text{R}} = \sum_{i=1}^{n} (\hat{y}_i - \bar{y})^2 \tag{2-32}$$

残差平方和可表示为：

$$SS_{\text{e}} = \sum_{i=1}^{n} (y_i - \hat{y}_i)^2 = SS_{\text{T}} - SS_{\text{R}} \tag{2-33}$$

总离差平方和自由度为：

$$df_T = n - 1 \qquad (2\text{-}34)$$

回归平方和自由度为：

$$df_R = m \qquad (2\text{-}35)$$

残差平方和自由度为：

$$df_e = n - m - 1 \qquad (2\text{-}36)$$

均方差为平方和除以它们各自的自由度，回归均方差为：

$$MS_R = \frac{SS_R}{df_R} \qquad (2\text{-}37)$$

残差均方差为：

$$MS_e = \frac{SS_e}{df_e} \qquad (2\text{-}38)$$

计算统计量：

$$F = \frac{MS_R}{MS_e} \qquad (2\text{-}39)$$

F 服从自由度为 $(m, n-m-1)$ 的 F 分布。在给定的显著性水平 α 下，可查得 $F_\alpha(m, n-m-1)$。如果 $F > F_\alpha(m, n-m-1)$，则回归方程具有显著的线性关系。

2.2.2.2　相关系数法

相关系数 R 可衡量一个变量 y 与多个变量 x_i 之间线性相关程度。R 可用式（2-40）表示：

$$R = \sqrt{\frac{SS_R}{SS_T}} \qquad (2\text{-}40)$$

如果 $R = 1$，则表明 x_1、x_2、$\cdots$、x_m 与 y 之间完全线性相关。
如果 $R = 0$，则表明 x_1、x_2、$\cdots$、x_m 与 y 之间没有线性关系。
如果 $0 < |R| < 1$，则表明 x_1、x_2、$\cdots$、x_m 与 y 间存在着一定的线性关系。

2.2.3　非线性回归

在实际问题中，变量之间的关系往往并非都是线性的，此时需考虑用非线性回归模型。通常是选择一条比较接近的曲线，通过变量转换将非线性方程进行线性化处理，再用线性回归方法求解回归方程。

常见的非线性函数及线性化处理方法见表 2-1。

表 2-1　非线性函数线性转换表

函数类型	函数表达式	$Y = A + BX$			
		Y	X	A	B
双曲线函数	$\dfrac{1}{y} = a + \dfrac{b}{x}$	$\dfrac{1}{y}$	$\dfrac{1}{x}$	a	b
指数函数	$y = ae^{bx}$	$\ln y$	x	$\ln a$	b

函数类型	函数表达式	$Y=A+BX$			
		Y	X	A	B
指数函数	$y = ae^{b/x}$	$\ln y$	$\dfrac{1}{x}$	$\ln a$	b
幂函数	$y = ax^b$	$\lg y$	$\lg x$	$\lg a$	b
对数函数	$y = a + b\lg x$	y	$\lg x$	a	b
S 曲线函数	$y = \dfrac{1}{a + be^{-x}}$	$\dfrac{1}{y}$	e^{-x}	a	b

2.3　实验方法与步骤

下面分别举例说明利用 Excel 进行数据回归分析的方法与步骤。

2.3.1　一元线性回归

例 2-1　金属长度与温度关系满足 $L=L_0(1+\alpha t)$，其中 α 为线膨胀系数，实验数据见表 2-2，试用逐差作图法和线性回归法求出 α 值，并分析其不确定度。

表 2-2　实验数据表

温度 $t/℃$	10	15	20	25	30	35	40	45
长度 L/mm	1003	1006	1009	1012	1015	1018	1020	1023

具体步骤如下。

（1）建立 Excel 数据表，将实验数据输入 Excel 单元格中，如图 2-1 所示。

（2）用鼠标单击工具栏 📊 图标，进入图标向导，选中"XY 散点图"，并选择第 1 种子图标类型，单击"下一步"，如图 2-2 所示。

（3）弹出如图对话框，单击 🔣，选中 B2：C9 单元格，再选择"系列产生在："项下的"列（L）"，单击"下一步"，如图 2-3 所示，得到如图 2-4 所示的散点图。

	A	B	C
1	序号	温度/℃	长度/mm
2	1	10	1003
3	2	15	1006
4	3	20	1009
5	4	25	1012
6	5	30	1015
7	6	35	1018
8	7	40	1020
9	8	45	1023

图 2-1　输入原始数据

（4）鼠标单击散点图中任一个散点，激活所有的散点，然后单击右键，弹出一个菜单，如图 2-5 所示，单击"添加趋势线（R）"，弹出"添加趋势线"对话框。

（5）在"类型"项目卡下选中"线性（L）"，再单击"选项"项目卡，选中"显示公式（E）"和"显示 R 平方值（R）"，如图 2-6 和图 2-7 所示。

图 2-2   "图标向导"对话框

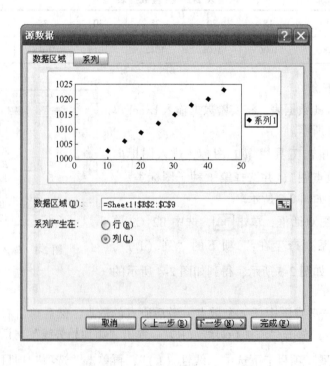

图 2-3   "源数据"对话框

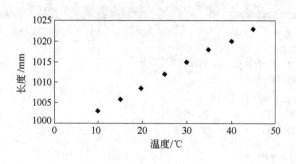

图 2-4　散点图

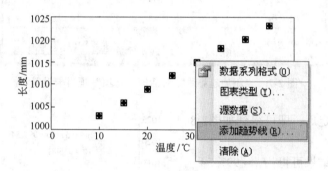

图 2-5　散点图中添加趋势线

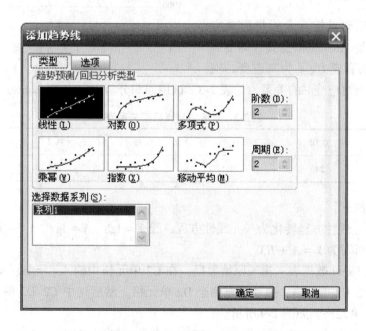

图 2-6　"添加趋势线"对话框"类型"项目卡设置

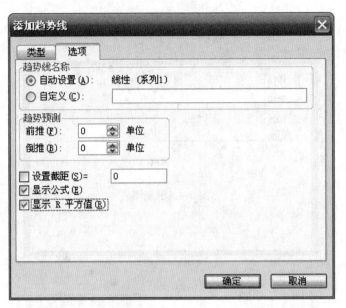

图 2-7 "添加趋势线"对话框"选项"项目卡设置

（6）单击确定后，即可得到如图2-8
所示的图形。

（7）由计算结果可得：$L_0 = 997.54$，
$\alpha = 0.00057$。

2.3.2 非线性回归

例 2-2 已知某铝合金板材的真应
力-真应变满足 Hollomon 公式，即 $S = Ke^n$，式中 S 为真应力，e 为真应变。现

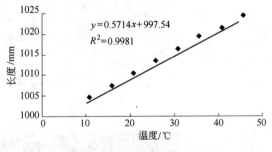

图 2-8 回归方程结果

测得真应力 S 与真应变 e 的关系，见表 2-3。试用回归分析确定 Hollomon 方程表达式。

表 2-3 真应力与真应变关系表

e	0.05	0.1	0.15	0.2	0.25
S/MPa	240	280	310	320	325

具体步骤如下。

（1）先将非线性方程转化为一元线性方程，设 $Y = \lg S$，$X = \lg e$，$A = \lg K$，$B = n$，则
Hollomon 方程可写为 $Y = A + BX$。

（2）建立 Excel 数据表，输入原始数据，在 C2 单元格中输入"=log（A2）"，再按回
车键。然后选中 C2 单元格，拖动填充柄至 D2 单元格。然后选中 C2：D2 单元格，拖动填
充柄至 C6：D6 单元格，如图 2-9 所示。

（3）单击图表向导图标 ，进入"图表向导-4 步骤对话框"，选中"XY 散点图"，
并选择第 1 种子图表类型，得到如图 2-10 所示的散点图。

	A	B	C	D
1	e	S	X	Y
2	0.05	240	-1.301	2.380
3	0.1	280	-1.000	2.447
4	0.15	310	-0.824	2.491
5	0.2	320	-0.699	2.505
6	0.25	325	-0.602	2.512

图 2-9　输入原始数据并对数据进行数据转化

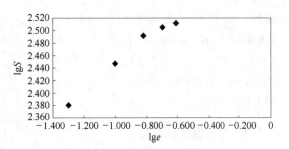

图 2-10　绘制出的散点图

（4）双击散点图中的 X 坐标轴，进入"刻度"选项卡，将"最大值（X）"设置为 -0.5，将"数值（Y）轴交叉于（C）"设置为 -1.4，如图 2-11 所示。单击确定，得到如图 2-12 所示的散点图。

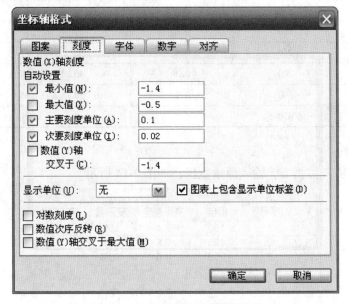

图 2-11　对散点图坐标轴进行设置

（5）鼠标单击散点图中任一个散点，激活所有的散点，然后单击右键，弹出一个菜单，单击"添加趋势线（R）"，弹出"添加趋势线"对话框。在"类型"项目卡下选中"线性（L）"，再单击"选项"项目卡，选中"显示公式（E）"和"显示 R 平方值（R）"。单击确定后，即可得到如图 2-13 所示的图形。

（6）由回归结果可知，$R^2 = 0.9748$，说明所建立的回归方程与数据拟合得

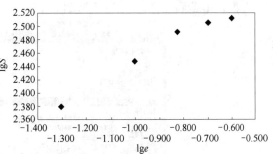

图 2-12　重新设置后的散点图

很好。根据回归方程可得，$A = \lg K =$
2.6405，$B = n = 0.1958$，即
$K = 437.02$，$n = 0.1958$，于是可得
Hollomon 方程的表达式为 $S =$
$437.02e^{0.1958}$。

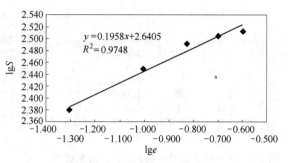

图 2-13　回归方程结果

2.3.3　多元线性回归

例 2-3　已知某材料的流动应力受
变形温度、变形速度和变形量的影响，
实验结果见表 2-4。试用线性回归模型拟合试验数据。

表 2-4　流动应力与变形温度、变形速度和变形量的关系

序　号	温度（x_1）/℃	变形速度（x_2）/s^{-1}	变形量（x_3）/%	流动应力（y）/MPa
1	150	0.4	10	250
2	100	0.6	20	309
3	250	0.5	30	307
4	200	0.3	40	362
5	300	0.2	50	378
6	350	0.1	60	400

具体步骤如下。

（1）建立 Excel 数据表，输入原始数据，如图 2-14 所示。

	A	B	C	D	E
1	序号	温度	变形速度	变形量	流动应力
2	1	150	0.4	10%	250
3	2	100	0.6	20%	309
4	3	250	0.5	30%	307
5	4	200	0.3	40%	362
6	5	300	0.2	50%	378
7	6	350	0.1	60%	400

图 2-14　输入原始数据

（2）在菜单栏单击"工具"下拉菜单，单击"数据分析"子菜单，然后选中"回归"工具，单击确定，如图 2-15 所示。

图 2-15　在"数据分析"对话框选中"回归"工具

（3）打开"回归"对话框，在"Y 值输入区域（Y）"中，选择 E1：E7 单元格；在"X 值输入区域（X）"中，选择 B1：D7 单元格；选中"标志"复选框；置信度默认为 0.95；选中"残差"复选框，如图 2-16 所示。

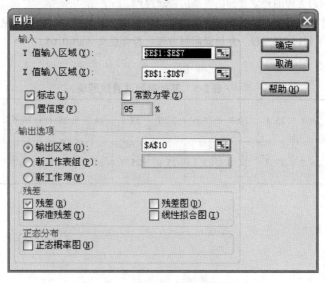

图 2-16 "回归"对话框的设置

（4）计算结果如图 2-17 所示。由图可知，回归系数 $R^2 = 0.99955787$；回归方程为 $y = 247.2377919 - 0.289426752x_1 + 9.617834395x_2 + 425.2866242x_3$。

9									
10	SUMMARY OUTPUT								
11									
12	回归统计								
13	Multiple	0.99955787							
14	R Square	0.999115936							
15	Adjusted	0.997789841							
16	标准误差	2.616297119							
17	观测值	6							
18									
19	方差分析								
20		df	SS	MS	F	Significance F			
21	回归分析	3	15471.64	5157.214	753.4268	0.001325802			
22	残差	2	13.69002	6.845011					
23	总计	5	15485.33						
24									
25		Coefficients	标准误差	t Stat	P-value	Lower 95%	Upper 95%	下限 95.0%	上限 95.0%
26	Intercep	247.2377919	8.960717	27.5913	0.001311	208.6829394	285.7926444	208.6829394	285.7926444
27	温度	-0.289426752	0.028933	-10.0035	0.009846	-0.413913793	-0.16493971	-0.413913793	-0.16493971
28	变形速度	9.617834395	11.99483	0.801831	0.506781	-41.99176666	61.22743545	-41.99176666	61.22743545
29	变形量	425.2866242	14.46631	29.39841	0.001155	363.0431034	487.530145	363.0431034	487.530145
30									
31									
32									
33	RESIDUAL OUTPUT								
34									
35	观测值	预测 流动应力	残差						
36	1	250.1995754	-0.19958						
37	2	309.1231423	-0.12314						
38	3	307.2760085	-0.27601						
39	4	362.3524416	-0.35244						
40	5	374.9766454	3.023355						
41	6	402.0721868	-2.07219						

图 2-17 多元线性回归结果

思考与讨论

2-1　简述一元线性回归方程的建立及回归效果的检验过程。

2-2　已知材料的抗剪强度与材料承受的正应力满足线性关系，某材料的试验数据见表 2-5，求抗剪强度与正应力之间的线性回归方程，并检验回归方程是否有意义（$\alpha = 0.05$）。

表 2-5　某材料的试验数据表

正应力 x/MPa	26.8	25.4	28.9	23.6	27.7	23.9	24.7	28.1	26.9	27.4	22.6	25.6
抗剪强度 y/MPa	26.5	27.3	24.2	27.1	23.6	25.9	26.3	22.5	21.7	21.4	25.8	24.9

第2篇 金属塑性成形理论实验

本篇为金属塑性成形理论实验，主要介绍金属塑性成形过程中金属变形与应变分布、金属塑性变形的流动与摩擦、塑性变形与组织性能、变形接触面变形力的分布等实验方案设计和实验结果分析等。通过本实验教学，进一步巩固和加深金属压力加工专业学生对"金属塑性成形理论"课程理论的理解和认识，初步学会对实验轧机、压力机、力能参数检测等设备的基本操作、相关工模具附件的装配、设备基本调试等，达到培养学生对金属塑性成形过程中的相关问题的观察、分析和解决问题的基本能力以及基本实验动手能力。

实验3 金属压缩变形接触摩擦对其变形分布影响的实验分析

3.1 实 验 目 的

(1) 实验观察由于接触面摩擦条件所导致的金属不均匀变形的现象。

(2) 通过实验掌握接触面外摩擦条件对金属不均匀变形分布的影响规律。

(3) 通过实验掌握金属试样几何条件对其不均匀变形分布的影响规律。

(4) 通过实验进一步分析金属压缩变形过程中产生不均匀变形分布的原因。

3.2 实 验 原 理

3.2.1 金属均匀变形和不均匀变形的基本定义和影响因素

在金属塑性变形过程中，为研究物体受力后的变形情况，通常可先将变形物体分为很多小方格，形成坐标网格，如图3-1所示。变形物体原始尺寸高度及宽度分别为 H 和 B，坐标小方格的高度及宽度分别为 H_x 和 B_x。变形后变形物体的高、宽为 h 和 b，任意小方格的高、宽为 h_x 和 b_x。变形物体保持均匀变形的条件如下。

高度上：
$$\frac{H_x}{h_x} = \frac{H}{h}$$

宽度上：$\dfrac{B_x}{b_x}=\dfrac{B}{b}$

物体不仅在高度方向变形均匀，而且在宽度方向变形也均匀，才能称为均匀变形。即只有上两式均成立时，才是均匀变形，否则就是不均匀变形。

要想充分实现金属均匀变形，严格地说是不可能的。在实际的金属压力加工时，金属变形不均匀分布是客观存在的。因此，在金属压力加工过程中，金属的不均匀变形既影响金属压力加工产品质量，也使金属压力加工工艺过程复杂化。两个影响金属塑性成形过程中变形和应力不均匀的因素如下。

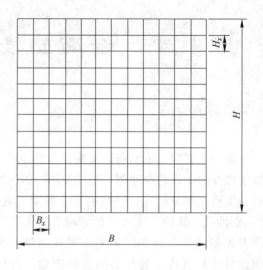

图 3-1 网格坐标

3.2.2 接触面上外摩擦对变形及应力不均匀分布的影响

外摩擦是引起不均匀变形的最主要因素。如图 3-2 所示，镦粗圆柱体试样，在外力作用下，试样的高度减小，断面尺寸增加。若接触表面无外摩擦，且材料性能均匀，则圆柱体变形均匀，变形后仍为圆柱体。若接触面上存在外摩擦，则其应力分布不均匀，由边缘向中心应力逐渐升高。由变形的难易程度，可将试样划分为三个区域，Ⅰ区称为难变形区，Ⅱ区是大变形区，Ⅲ区是变形程度居中的自由变形区。

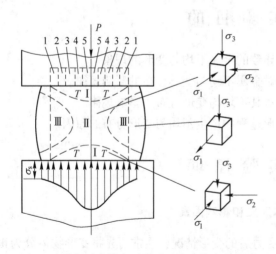

图 3-2 镦粗时摩擦力对变形及应力分布的影响
（1 表示最外层，5 表示最内层）

外摩擦不仅引起不均匀变形，而且造成应力的不均匀分布，试样各个区域产生应力状态不同。Ⅰ区是难变形区，承受强的三向压应力，静水压力值很高；Ⅱ区处于物体体积中心部分，仍承受较强的三向压应力，但因其与接触面距离较远，静水压力值较低；Ⅲ区受接触摩擦影响最小，又处于整个物体边缘，而且无其他部分的阻碍，当圆柱体试样开始变形时，Ⅲ区受到近似单向压缩。随变形的不断发展而成为鼓形，Ⅱ区变形向外扩张，外层的Ⅲ区像一个不变形的套筒，套在Ⅱ区外面，阻碍了Ⅱ区的变形，由于Ⅱ区和Ⅲ区的相互作用，圆柱体逐渐产生环向拉力，如图 3-3 所示。当拉应力达到物体强度极限时，圆柱体的侧面出现纵裂。

3.2.3　金属变形区几何因素（H/d）的影响

实验表明：镦粗圆柱体时，当试样原始高度（H）与直径（d）比 $H/d \leqslant 2.0$ 时，发生单鼓形不均匀变形。当坯料高度较大（$H/d>2.0$）并且变形程度很小（$\varepsilon = 0.2 \sim 0.25$）时，则往往只产生表面变形（变形不深透），而中间层的金属不产生塑性变形或者塑性变形很小，结果形成双鼓形，如图 3-4 所示。

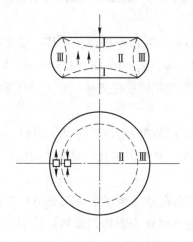 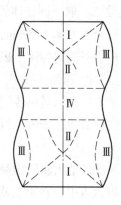

图 3-3　物体镦粗Ⅲ区产生的环向拉应力　　图 3-4　当镦粗高件时不同区域的变形分布情况

3.3　实验材料和设备

（1）2000kN 万能材料试验机。

（2）游标卡尺、钢皮尺、划针、圆规。

（3）铅块试样：

1）五个直径尺寸相同的圆柱铅试样，如图 3-5 所示。

2）圆柱体铅试样直径 $D=30$mm，高 $H=60$mm，如图 3-6 所示。

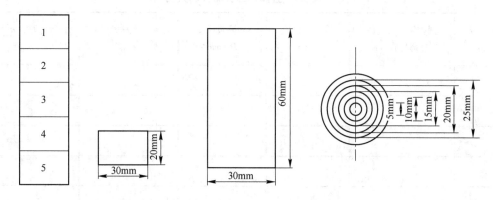

图 3-5　五个尺寸相同的圆柱铅试样　　图 3-6　圆柱体铅试样刻划同心圆示意图

3.4　实验方法与步骤

（1）实验一：将五个直径尺寸相同的圆柱铅试样（见图 3-5），在 2000kN 万能材料试验机上以变形量 50%进行压缩，然后分别测出每个铅试样中心和边缘厚度，并绘出 5 个铅试样叠加压缩之后的纵剖图，根据实验观察到的现象，分析接触面上摩擦对铅试样变形的影响。

（2）实验二：取一圆柱体铅试样：直径 $D = 30mm$，高 $H = 60mm$，在其一端部刻划同心圆，其直径分别为 $d_1 = 25mm$，$d_2 = 20mm$，$d_3 = 15mm$，$d_4 = 10mm$，$d_5 = 5mm$，如图 3-6所示。在试样另一端均匀涂上墨水，待墨水干后，将此试样在抛光的压板上进行压缩，每次取 $\Delta h/H = 30\%$，压缩 5~6 次。

每次压缩之后，测量出各同心圆直径变化，将所测数据列入表 3-1 内，并绘出各直径变化程度的变化曲线，分析与讨论所得结果，得出摩擦和变形区几何对接触表面金属质点流动影响情况。

每压缩一次后量出新的接触表面直径和涂墨表面直径（为了准确起见可取 5 个尺寸的平均值）填入表中，在第二次压缩之前重新把整个接触表面均匀涂墨。待干后再进行第二次压缩，每次压前都重复上述步骤，最后绘出接触表面滑动的增量与侧表面局部变形后转移到接触表面变化的增量，以及柱体最大直径对应于该试件瞬时比值的变化曲线，同时分析所得结果，得出接触面摩擦和变形区几何因素（H/d）对上述两种增加接触表面的因素影响的结论。

3.5　实验数据处理

（1）将实验数据分别填入表 3-1 和表 3-2 中。
（2）根据数据绘制图 3-7 和图 3-8。

表 3-1　金属压缩实验实测数据

试样高 /mm	圆柱体最大直径（鼓形处）/mm	接触面直径 D_j/mm	涂墨面直径 D_t/mm	$\delta_增 = (d_t^n - d_t^{n-1})/2$ /mm	$\delta_侧 = (d_j^n - d_t^n)/2$ /mm

注：$\delta_增$—接触面滑动所引起的表面增量；$\delta_侧$—侧表面局部转移到接触表面上的增量；n—压缩次数。

表 3-2　每次压缩试样的直径变化数据

变形前直径 /mm	变形后直径变化程度					
	次数	1	2	3	4	5
d_1	d_1^n					
	$(d_1^n - d_1^{n-1}) / d_1^{n-1}$					
d_2	d_2^n					
	$(d_2^n - d_2^{n-1}) / d_2^{n-1}$					
d_3	d_3^n					
	$(d_3^n - d_3^{n-1}) / d_3^{n-1}$					
d_4	d_4^n					
	$(d_4^n - d_4^{n-1}) / d_4^{n-1}$					
d_5	d_5^n					
	$(d_5^n - d_5^{n-1}) / d_5^{n-1}$					

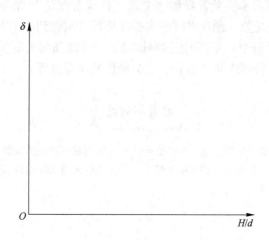

图 3-7　接触表面的增量与变形区几何因素（H/d）的关系曲线

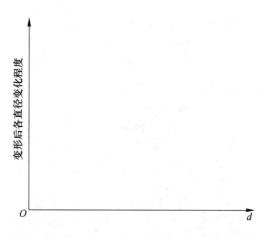

图 3-8　变形前试样直径 d 与同心圆直径变化程度的关系曲线

3.6　实验报告要求

（1）写出实验目的和要求。

（2）列出全部原始测试资料、实验数据表格和相关的关系图示。

（3）分析接触表面增量与变形区几何因素（H/d）的关系，并回归出相应的数学表达式。

（4）变形前试样直径 d 与同心圆直径变化程度的关系，并回归出相应的数学表达式。

（5）分析接触表面摩擦和试样变形区几何因素对变形分布的影响。

（6）分析实验过程存在的问题和解决这些问题的设想。

（7）列出组长、同组成员、分工情况、实验时间。

3.7　实验注意事项

（1）实验前必须预习本实验教程和"金属塑性成形理论"课程的相关内容，需要记录哪些数据、观察哪些现象、预计有哪些实验结果等必须做到心中有数。

（2）实验前必须了解 2000kN 万能材料试验机的性能和相关的操作规程，能正确操作此万能材料试验机等，特别应要注意有关安全操作的注意点等。

思考与讨论

3-1　五个尺寸相同的圆柱试样压缩之后，为什么会出现每层形状不相同的现象？

3-2　对于同一圆柱体试样，为什么在相同压下量下，会出现后面道次压缩侧表面局部转移到接触表面上的增量大于前面的现象？

实验 4　金属不均匀变形对轧制产品质量影响的实验分析

4.1　实验目的

（1）通过实验，进一步了解轧制过程常见板形缺陷的种类、特征、产生位置及原因，掌握获得轧制过程中轧件良好板形的条件。

（2）通过金属不均匀轧制变形的实验过程，进一步了解和观察轧制过程中轧件出现的不均匀变形现象，分析产生不均匀变形后果的原因，从而掌握减少轧制不均匀变形的措施和工艺方法。

4.2　实验原理

轧制过程中，板带材的板形通常是指板带材的平直度。一般而言，是指板带材各部位是否发生波形、翘曲、侧弯及瓢曲等。板带材板形缺陷的产生是由于轧件沿宽度（或高度）方向上的纵向延伸不均匀，出现内应力的结果。因此，板带材板形的实质是指板带材内部残余应力的分布。

轧制过程中轧件获得良好板形的几何条件为：

$$\frac{L(X)}{l(x)} = \frac{h(x)}{H(X)}$$

金属变形过程中，由于外力作用引起的应力称为基本应力。由于物体内各部分的不均匀变形受到物体整体性限制而引起的金属各部分之间相互平衡的应力称为附加应力，表示基本应力分布的图形称为基本应力图。例如，在凸形轧辊上轧制矩形轧件，如图 4-1 所示，轧件边缘部分 a 处变形程度小，而中间部分 b 处变形程度大，若轧件不是一个整体，则轧件成虚线方式向外延伸，即边部延伸小于中部，但由于轧件实际为一个整体，由于金属整体性限制迫使轧件两部分延伸相等，因此中间部分给边缘部分施以拉力，使其增加延伸，而边缘部分将给中间部分施以压力，使其减少延伸，变形体产生相互平衡的内力，内力使得中间部分产生附加压应力，而边缘部分产生附加拉应力。

在变形不均匀时，工作应力等于基本应力与附加应力的代数和，所以工作应力可能大于、等于或小于基本应力。如果附加应力符号与基本应力符号相同，则工作应力大于基本应力，如果附加应力符号与基本应力符号相反，则工作应力小于基本应力。因此，变形物体由于不均匀变形的结果，某一部分工作应力可能大于屈服极限即开始塑性变形，而另一部分的工作应力小于屈服极限，因而不发生塑性变形，从而更加强了物体变形的不均匀性和应力分布的不均匀性。

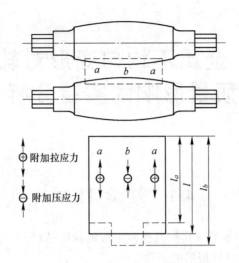

图 4-1　在凸形轧辊上轧制矩形坯

l_a—若边缘部分自成一体时轧制后的可能长度；l_b—若中间部分自成一体时轧制后的可能长度；

l—整个轧件轧制后的实际长度

轧制过程中，常见的板带材板形缺陷如图 4-2 所示。

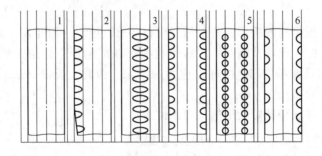

图 4-2　常见板形缺陷示意图

1—板形良好；2—单边浪；3—中浪；4—双边浪；5—1/4 浪；6—不对称双边浪

金属变形及应力不均匀分布的原因主要包括以下几个方面：

（1）接触面上的外摩擦；

（2）变形区的几何因素；

（3）工具及变形金属的形状；

（4）变形金属温度分布不均；

（5）金属本身材质不均。

4.3　实验材料和设备

（1）ϕ130mm 二辊实验轧机如图 4-3 所示。

（2）千分尺、游标卡尺、钢皮尺、木棒。

（3）汽油、酒精、机油、粉笔、铁砂纸。

（4）轧件试样：材料为 1.5mm 、0.5mm×50mm×75mm 的铅板，0.2mm×20mm×75mm 的铝板。

图 4-3　φ130mm 二辊实验轧机

4.4　实验方法与步骤

4.4.1　沿轧件宽度方向的压下不均实验

（1）将 1.5mm 厚的铅试样，分别卷成如图 4-4 所示的三种试样。

（2）经二道次将试样轧至 0.5mm，观察结果并记录，比较三种不同情况，并分析其原因。

（3）将如图 4-5 所示的两种铝试样，轧至 2mm，将结果记录下来并分析。

4.4.2　两种金属材料叠轧实验

（1）将尺寸为 0.5mm×50mm×75mm 的三块铅板，放在 2mm×75mm×75mm 两块铅板之间，如图 4-6（a）所示。将叠好的试样在轧机上轧制三道，测量并记录各块铅板的厚度，并记录在表 4-1 中。

（2）将尺寸为 1mm×50mm×140mm 的铅试样绕于 0.2mm×20mm×75mm 之铝板上，共绕三圈，如图 4-6（b）所示。用最大允许的压下量进行轧制，然后将铅试样拆开，观察铅带和铝带的变形情况。

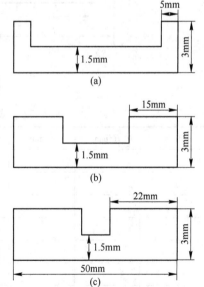

图 4-4　试样示意图

（a）5mm；（b）15mm；（c）22mm

（3）将尺寸为 2mm×50mm×70mm 的铅板叠放在同样尺寸的铝板上，以 $\Delta h = 1\text{mm}$ 的压下量轧制，观察发生的现象。

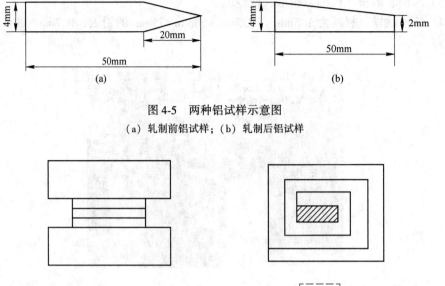

图 4-5　两种铝试样示意图

（a）轧制前铝试样；（b）轧制后铝试样

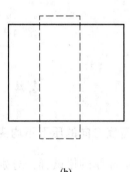

图 4-6　叠轧试样

表 4-1　叠轧试验记录表

材料	H/mm	L/mm	h/mm	l/mm	$\Delta H/\text{mm}$	$\Delta L/\text{mm}$	$\varepsilon_L/\%$

4.5　实验数据处理

（1）分析表 4-1 叠轧实验压下量与轧件长度增加之间的关系，绘制压下量轧件长度增加之间曲线分布图，如图 4-7 所示。

（2）总结不均匀变形的产生的后果。

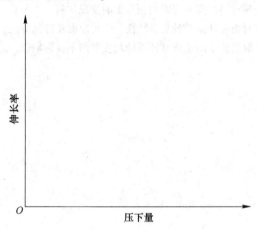

图 4-7　叠轧实验的压下量与轧件延伸关系

4.6　实验报告要求

（1）写出实验目的和要求。

（2）列出全部原始测试资料、实验数据表格和相关的关系图示。

（3）根据实验观察到的情况说明金属不均匀变形现象，讨论产生不均匀变形的原因。

（4）描绘横向厚度不均匀轧制时，铅板在不同条件下轧后示意图，并分析板形缺陷产生的原因。

（5）描绘包裹轧制时，铅板和铝板轧制后的示意图，并分析板形缺陷产生的原因。

（6）分析实验过程存在的问题和解决这些问题的设想。

（7）列出组长、同组成员、分工情况、实验时间。

4.7　实验注意事项

（1）实验前必须预习本实验教程和"金属塑性成形理论"课程的相关内容，需要记录哪些数据、观察哪些现象、预计有哪些结果等做到心中有数。

（2）实验前必须了解 $\phi130mm$ 二辊实验轧机的性能和相关的操作规程，能正确调整轧机和控制轧机的压下等，特别要注意安全操作。

（3）轧制过程中送试样必须用木棒，严禁用手送短试样；取试样必须在轧机出口侧。

思考与讨论

4-1　根据表 4-1 和图 4-7 的数据曲线，分析金属不均匀变形的不良影响。

（1）在叠轧实验过程中，分析铝板发生断裂的原因。

（2）在轧制过程中，轧件高度上压下不均所引起的不均匀延伸程度是怎样的？

（3）在轧制过程中，不同金属材质对变形均匀性的影响如何？

（4）在轧制过程中，不同金属材料之间对变形的相互影响情况如何？

（5）讨论轧制过程常见板带材板形缺陷的种类、特征、产生原因及控制方法。

（6）如何联系生产实际，采取措施来防止或减轻不均匀变形的不良影响。

实验 5 金属塑性变形最小阻力 定律的实验分析

5.1 实 验 目 的

（1）实验观察在存在摩擦的条件下，镦粗方形、矩形和圆形断面形状试样，金属的流动现象和规律。

（2）通过实验进一步认识并掌握金属塑性变形最小阻力定律。

5.2 实 验 原 理

金属在外力的作用下，内部各质点产生了位移，通常称为金属的流动。金属的流动和变形是互为因果的，也可以说金属变形时内部质点的流动是由于金属塑性变形引起的。

金属在变形时，其内部质点流动的方向服从最小阻力定律。最小阻力定律认为，如果变形物体内各质点有向各个方向流动的可能，则变形物体内每个质点将沿阻力最小方向移动。

最小阻力定律的正确性是无疑的，问题是要确定哪个方向是最小阻力的方向，金属塑性变形时阻碍金属质点流动的因素很多，最重要的是外摩擦的存在、工具与变形物体的形状等，它们在各个方向上的差异都将引起各个方向流动阻力的差异。因此，确定金属塑性变形时质点流动的最小阻力方向，要结合产生阻力的因素具体分析。

这里以平砧面压缩矩形断面试样为例，分析当接触表面存在摩擦时，棱柱体镦粗的流动模型，如图 5-1 所示。平砧压板作用于坯料端面的摩擦力为 τ，接触面上质点向自由表面流动的摩擦阻力和质点离自由表面的距离成正比。因此，距离自由边界越短，质点流动阻力越小，金属质点必然沿这个方向流动。这样就形成了四个流动区域，以四个角的角平分线和长度方向的中线为分界线，这四个区域内的质点到各自的自由边界线距离都

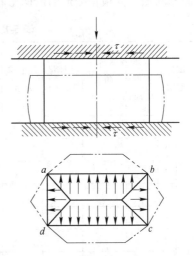

图 5-1 平砧面压缩矩形断面的接触表面有摩擦时的金属流动模型

是最短距离。这样流动的结果，宽度方向流出的金属少于长度方向的，所以，镦粗后的断面呈椭圆形，不断镦粗，可以想象，必趋于达到各向摩擦阻力相等的断面——圆形为止。因而，最小阻力定律在金属镦粗变形中也称最小周边定则。

5.3　实验材料和设备

（1）2000kN 万能材料试验机。

（2）试样。

1）方形断面铅块，尺寸为 20mm×20mm×20mm。

2）矩形断面铅块，尺寸为 15mm×20mm×20mm。

3）圆形断面铅块，尺寸为 ϕ20mm×20mm。

5.4　实验方法与步骤

（1）镦粗压缩变形在实验在 2000kN 万能材料试验机进行，首先将测得的试样原始尺寸记入表 5-1 中。

（2）按相同的压下量（3~4mm）进行压缩 4 次，每次压缩后测量出试样的对应各数值记入表 5-1 中。

5.5　实验数据处理

（1）对填入表 5-1 中实验数据进行分析。

（2）按试样断面形状划分出金属质点移动区域，画出试样在各压缩变形程度后的断面形状图，并根据变形后断面形状的变化分析金属质点的流动规律。

表 5-1　各种断面铅试样压缩后试样参数

试样道次		原始高度 H/mm	压缩后高度 h/mm	压缩量 Δh/mm	压缩率 ε/%	方形试样断面边长 A/mm	矩形试样断面宽度 B/mm	矩形试样断面长度 l/mm	圆形试样直径 d/mm	压缩后方形试样断面纵横尺寸之比	压缩后矩形试样断面纵横尺寸之比	压缩后圆形试样断面纵横尺寸之比
方	1											
	2											
	3											
	4											
矩	1											
	2											
	3											
	4											
圆	1											
	2											
	3											
	4											

5.6　实验报告要求

（1）写出实验目的和要求。

（2）列出全部原始测试资料、实验数据表格和相关的关系图示。

（3）绘制出随着镦粗压下量变化时，方形、矩形和圆形断面形状试样的断面形状，并分析该试样断面形状变化的原因。

（4）分析实验过程存在的问题和解决这些问题的设想。

（5）列出组长、同组成员、分工情况、实验时间。

5.7　实验注意事项

（1）实验前必须预习本实验教程和"金属塑性成形理论"的相关课程内容，需要记录哪些数据、观察哪些现象、预计有哪些实验结果等必须做到心中有数。

（2）实验前必须了解 2000kN 万能材料试验机的性能和相关的操作规程，能正确操作该材料试验机等，特别要注意安全操作。

> 思考与讨论

5-1　简述镦粗方形或矩形断面形状的试样时，最后都成为圆形断面的原因。

5-2　如果没有摩擦，镦粗方形或矩形断面形状的试样时，最后会成为圆形断面吗？

5-3　举例自然界中有关遵循最小阻力定律的现象。

实验 6　金属镦粗锻压变形过程摩擦系数测定的实验分析

6.1　实　验　目　的

（1）根据金属圆环镦粗锻压后的变形，进一步了解接触面上摩擦对金属塑性变形和流动的影响。

（2）通过金属圆环镦粗锻压实验，掌握金属塑性变形中实际测定接触面上摩擦系数的方法。

6.2　实　验　原　理

圆环镦粗锻压法测定摩擦系数法是 20 世纪 60 年代提出的一种测定塑性成形过程中摩擦系数的方法。

这种测定摩擦系数法方法是将一定尺寸的圆环在平砧间压缩。由于试样和砧面间的接触摩擦系数不同，圆环的内、外径尺寸将有不同的改变。通常以内径的变化作为衡量的依据。摩擦系数小时，内径会扩大，摩擦系数增大到一定值后，内径则开始缩小。根据实验研究和金属塑性理论的分析，可以将不同摩擦系数下圆环压缩量和内径变化间的关系绘成曲线图，如图 6-1 所示。利用该曲线图，即可方便地求得金属塑性变形过程中的摩擦系数值。

例如，图 6-1 中的曲线 1（$\mu \approx$ 0.08），即 15 钢试样在磷化后和以 MoS_2 粉为润滑剂的情况下测得的；曲线 2（$\mu \approx 0.015$）是电解铜试样在以 MoS_2 膏为润滑剂时测得的。

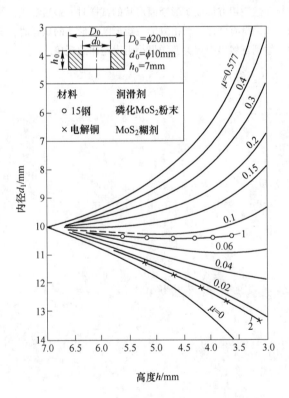

图 6-1　圆环镦粗锻压法确定摩擦系数的曲线图

6.3　实验材料和设备

（1）实验试样。本实验试样选用铅、20钢，具体尺寸如图6-2所示。

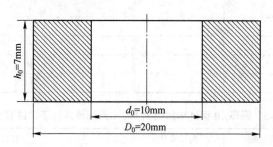

图6-2　实验试样尺寸

（2）1000kN万能材料试验机。
（3）马弗炉。
（4）游标卡尺、垫板。
（5）石墨水剂（或20号机油）。

6.4　实验方法与步骤

（1）在没有润滑的条件下，将铅试样在室温下压缩10%~60%。
（2）采用石墨水剂（或20号机油）进行润滑，将铅试样在室温下压缩10%~60%。
（3）在没有润滑的条件下，将20钢加热到800℃，进行20%~60%的压缩。
（4）采用石墨水剂（或20号机油）进行润滑，将20钢加热到800℃，进行20%~60%的压缩。
（5）每次压缩量为15%左右，然后取出擦净，测量变形后的圆环尺寸（外径、内径、高度），记录在表6-1~表6-4中，具体测量方法见实验数据处理。

表6-1　圆环铅试样在无润滑条件下的试验结果

试样号	高度压缩百分数/%	内径变化百分数/%	试样号	高度压缩百分数/%	内径变化百分数/%

表 6-2　圆环铅试样在有润滑条件下的试验结果

试样号	高度压缩百分数/%	内径变化百分数/%	试样号	高度压缩百分数/%	内径变化百分数/%

表 6-3　圆环 20 钢试样加热到 800℃无润滑条件下的试验结果

试样号	高度压缩百分数/%	内径变化百分数/%	试样号	高度压缩百分数/%	内径变化百分数/%

表 6-4　圆环 20 钢试样加热到 800℃用石墨水剂进行润滑试验结果

试样号	高度压缩百分数/%	内径变化百分数/%	试样号	高度压缩百分数/%	内径变化百分数/%

6.5　实验数据处理

（1）圆环试样镦粗压缩后的内径计算方法。圆环试样尺寸如图 6-2 所示，由于摩擦力影响，圆环压缩后自由侧表面所呈鼓形有以下两种情况，如图 6-3 所示。以侧面抛物线鼓形，依据金属塑性变形体积相等原则推导圆柱形孔径。

先取：

$$R = \frac{R_{上} + R_{下}}{2}$$

在图 6-3（a）所示情况下：

$$R_i = \sqrt{R_{端}^2 + \frac{1}{3}R_{端}(R_{中} - R_{端}) + \frac{7}{15}(R_{中} - R_{端})^2}$$

在图 6-3（b）所示情况下：

$$R_i = \sqrt{R_{端}^2 - \frac{4}{3}R_{端}(R_{中} - R_{端}) + \frac{8}{15}(R_{中} - R_{端})^2}$$

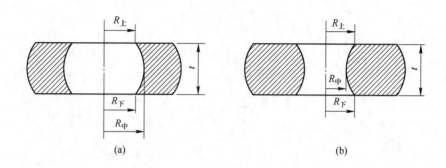

图 6-3　圆环镦粗压缩后的内径确定

（a）摩擦力很小时，$R_{中} > R_{上}$（或 $R_{下}$）；（b）摩擦力较大时，$R_{中} < R_{上}$（或 $R_{下}$）

（2）圆环试样变形后的高度的确定。圆环试样变形后的高度尺寸取三个方向上高度尺寸的平均值。

6.6　实验报告要求

（1）写出实验目的和要求。

（2）列表填写实验数据。

（3）计算并查对校正摩擦系数的试验曲线图，得出实验结果。

（4）分析不同摩擦条件对圆环变形分布的影响。

（5）对测定摩擦系数的误差因素进行分析。

（6）讨论本实验方法有什么优缺点。

（7）分析实验过程存在的问题和解决这些问题的设想。

（8）列出组长、同组成员、分工情况、实验时间。

6.7　实验注意事项

（1）实验前必须预习本实验教程和"金属塑性成形理论"课程的相关内容，需要记录哪些数据、观察哪些现象、预计有哪些实验结果等必须做到心中有数。

（2）实验前必须了解 1000kN 万能材料试验机的性能和相关的操作规程，能正确操作万能材料试验机等，特别要注意安全操作。

思考与讨论

6-1　实验分析圆环铅试样、20 钢试样不同润滑条件下圆环内外径变化规律。

6-2　根据实验测得的不同压缩高度和内径尺寸，在已绘制的标定曲线上做出该条件下的摩擦系数的试验曲线图，并对比分析。

6-3　分析试样高度压缩比对圆环形状的影响。

6-4　分析摩擦系数的大小对内径变化数的关系。

实验 7　金属镦粗变形时的单位压力分布的实验分析

7.1　实 验 目 的

金属镦粗锻压变形过程中，计算分析工具接触面的单位压力分布对工模具的设计和选材至关重要，同时对加工工件的变形和应力分布也有非常重要的影响。本实验设计一种模拟观察金属镦粗锻压变形时，工件接触面上的单位压力分布情况，为进一步分析计算金属塑性变形过程中单位压力分布等建立实验基础。

（1）借助带孔尼龙锤头压塑铅试样的模拟实验，观察镦粗时接触表面上的单位压力分布特征。

（2）通过实验分析进一步理解变形压下量、试样几何形状对接触表面上的单位压力分布影响规律。

（3）通过本实验进一步理解金属镦粗过程中的变形力理论计算。

7.2　实 验 原 理

金属镦粗变形时的变形力理论计算方法很多，这里以工程法为例，介绍金属镦粗变形时的变形力和接触面上单位压力分布的理论计算。下面以长矩形板镦粗为例。

长矩形板镦粗时的示意图，如图 7-1 所示。由于矩形板长度 l 远大于高度 h 和宽度 a，故可近似地认为沿坯料沿长度方向的变形为零，即当作平面变形问题处理。同时，不考虑在镦粗粗过程中矩形断面的畸变（出现鼓形）。接触面上剪应力设为 τ。矩形断面对于 x 轴、y 轴都是对称的，故只需分析一个象限。

已知平面问题的平衡微分方程为：

$$\frac{\partial \sigma_x}{\partial x} + \frac{\partial \tau_{xy}}{\partial y} = 0 \qquad (7\text{-}1)$$

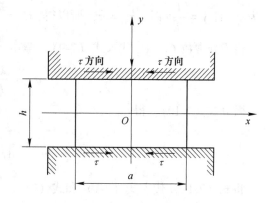

图 7-1　长矩形板镦粗示意图

$$\frac{\partial \tau_{xy}}{\partial x} + \frac{\partial \sigma_y}{\partial y} = 0 \qquad (7\text{-}2)$$

分别将式（7-1）对 y 微分，式（7-2）对 x 微分得：

$$\frac{\partial^2 \sigma_x}{\partial x \partial y} + \frac{\partial^2 \tau_{xy}}{\partial y^2} = 0 \tag{7-3}$$

$$\frac{\partial^2 \tau_{xy}}{\partial x^2} + \frac{\partial^2 \sigma_y}{\partial x \partial y} = 0 \tag{7-4}$$

将式（7-3）减去式（7-4），得：

$$\frac{\partial^2 (\sigma_x - \sigma_y)}{\partial x \partial y} = \frac{\partial^2 \tau_{xy}}{\partial x^2} - \frac{\partial^2 \tau_{xy}}{\partial y^2} \tag{7-5}$$

根据 Mises 屈服准则，平面变形时的塑性条件为：

$$(\sigma_x - \sigma_y)^2 + 4\tau_{xy}^2 = 4K^2 \tag{7-6}$$

即

$$\sigma_x - \sigma_y = \pm 2\sqrt{K^2 - \tau_{xy}^2} \tag{7-7}$$

由于 σ_x 和 σ_y 均为压应力，其绝对值 $|\sigma_y| > |\sigma_x|$，所以，式（7-7）根号前取正值。将式（7-7）代入式（7-5），得：

$$2\frac{\partial^2 \sqrt{K^2 - \tau_{xy}^2}}{\partial x \partial y} = \frac{\partial^2 \tau_{xy}}{\partial x^2} - \frac{\partial^2 \tau_{xy}}{\partial y^2} \tag{7-8a}$$

式（7-8a）仅包含一个未知数 τ_{xy}，但只有当 τ_{xy} 与 x 无关，且仅为 y 的函数时，式（7-8a）才能解。这时，式（7-8a）即简化为：

$$\frac{\mathrm{d}^2 \tau_{xy}}{\mathrm{d}y^2} = 0 \tag{7-8b}$$

积分得：

$$\tau_{xy} = C_1 + C_2 y \tag{7-9}$$

当 $y = 0$ 时（即在对称平面 xoz 上），$\tau_{xy} = 0$，由此得 $C_1 = 0$。已知接触面上的摩擦应力为 τ，即 $y = \frac{1}{2}h$ 时，$\tau_{xy} = \tau$，所以得，$C_2 = \frac{2\tau}{h}$。

将积分常数 C_1、C_2 代入式（7-9），得：

$$\tau_{xy} = \frac{2\tau}{h}y \tag{7-10}$$

微分式（7-10），得：

$$\frac{\partial \tau_{xy}}{\partial y} = \frac{\mathrm{d}\tau_{xy}}{\mathrm{d}y} = \frac{2\tau}{h} \tag{7-11}$$

将式（7-11）代入式（7-1）和式（7-2），且考虑 $\frac{\partial \tau_{xy}}{\partial x} = 0$，得：

$$\frac{\partial \sigma_x}{\partial x} + \frac{2\tau}{h} = 0 \tag{7-12}$$

$$\frac{\partial \sigma_y}{\partial y} = 0 \tag{7-13}$$

积分后得：

$$\sigma_x = -\frac{2\tau}{h}x + \varphi_1(y) \tag{7-14}$$

$$\sigma_y = \varphi_2(x) \tag{7-15}$$

将式（7-14）和式（7-15）代入屈服准则式（7-7），得：

$$-\frac{2\tau}{h}x + \varphi_1(y) - \varphi_2(x) = 2\sqrt{K^2 - \tau_{xy}^2}$$

$$\frac{2\tau}{h}x + \varphi_2(x) = \varphi_1(y) - 2\sqrt{K^2 - \frac{4\tau^2}{h^2}y^2} \tag{7-16}$$

式（7-16）左边仅为 x 的函数，而右边仅为 y 的函数，只有各等于某一常数 C 时，才能满足。因此，得：

$$\frac{2\tau}{h}x + \varphi_2(x) = C, \quad \varphi_2(x) = C - \frac{2\tau}{h}x$$

$$\varphi_1(y) - 2\sqrt{K^2 - \frac{4\tau^2}{h^2}y^2} = C, \quad \varphi_1(y) = C + 2\sqrt{K^2 - \frac{4\tau^2}{h^2}y^2}$$

将 $\varphi_1(y)$ 和 $\varphi_2(x)$ 代入式（7-14）和式（7-15），得：

$$\sigma_x = -\frac{2\tau}{h}x + 2\sqrt{K^2 - \frac{4\tau^2}{h^2}y^2} + C \tag{7-17}$$

$$\sigma_y = C - \frac{2\tau}{h}x \tag{7-18}$$

根据边界条件，在 $x = \dfrac{a}{2}$、$y = 0$ 处，$\sigma_x = 0$，代入式（7-17），可求得：

$$C = \frac{a}{h}\tau - 2K \tag{7-19}$$

将式（7-19）代入式（7-17）和式（7-18），可得到：

$$\sigma_x = -\left(2K - \frac{a - 2x}{h}\tau - 2\sqrt{K^2 - \frac{4\tau^2}{h^2}y^2}\right) \tag{7-20}$$

$$\sigma_y = -\left(2K - \frac{a - 2x}{h}\tau\right) \tag{7-21}$$

当 $|\tau| = K$ 时，根据式（7-21）可得（σ_y 以压应力为正，故不计公式前的负号，其分布规律如图 7-2 所示）：

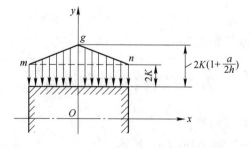

图 7-2　接触面上正应力 σ_y 的分布规律

$$\sigma_y = 2K\left(1 + \frac{a - 2x}{2h}\right) \qquad (7\text{-}22)$$

变形力 P 可表达为：

$$P = \int_F \sigma_y \mathrm{d}F = 2\int_0^{\frac{a}{2}} \sigma_y \mathrm{d}x = 4Kl\int_0^{\frac{a}{2}}\left(1 + \frac{a - 2x}{2h}\right)\mathrm{d}x = 2Kla\left(1 + \frac{1}{4}\,\frac{a}{h}\right)$$

将变形力除以接触面积，即得到平均单位压力为：

$$\overline{P} = \frac{P}{F} = 2K\left(1 + \frac{1}{4}\,\frac{a}{h}\right)$$

主应力法计算的接触面上正应力 σ_y 的分布规律如图 7-3 所示。

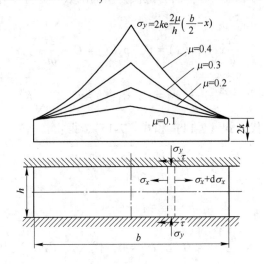

图 7-3　主应力法计算的接触面上正应力 σ_y 的分布规律

图 7-3 中长矩形镦粗接触面上的正应力为：

$$\sigma_y = 2k\mathrm{e}^{\frac{2\mu}{h}\left(\frac{b}{2}-x\right)}$$

式中　μ——接触面上滑动摩擦系数；

　　　　k——试样材料的剪切屈服应力，MPa；

　　　　σ_y——垂直方向正应力，MPa；

　　　　σ_x——水平方向应力，MPa；

　　　　τ——接触面上单位摩擦力，$\tau = \mu \cdot \sigma_y$，N/m²；

　　　　b——长矩形水平宽度，m；

　　　　h——试样的高度，m；

　　　　x——距中心轴的水平距离，m。

7.3　实验材料和设备

（1）2000kN 万能材料试验机。

（2）带孔的硬尼龙锤头如图 7-4（a）所示。

（3）千分尺、游标卡尺等。

（4）铅块试样。

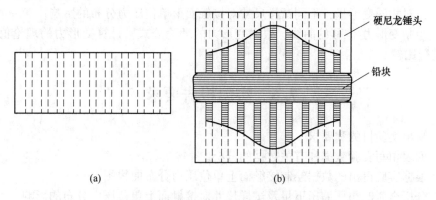

图 7-4　带孔尼龙锤头压缩铅试样的示意图

（a）带孔尼龙锤头；（b）镦粗压缩铅试样示意图

7.4　实验方法与步骤

（1）铅块试样编号，利用千分尺测量试件的原始几何尺寸 H_0、B_0，并计算出试件的原始截面积，将测量数据填入表 7-1 中。

（2）利用万能材料试验机对不同宽厚比（b/h）的铅块试样进行镦粗试验，将带孔的硬尼龙锤头分别放置在铅块上下两端，如图 7-4（b）所示。

（3）在镦粗的过程中，铅将挤入孔内，观察挤孔内铅料的情况，并测量镦粗后挤入孔内铅的高度 Δh。

（4）比较不同试样尺寸情况（$b/h > 1$、$b/h = 1$ 和 $b/h < 1$）下铅料挤入孔内的情况。

（5）根据实验获得的 P–Δl 曲线。

7.5　实验数据处理

（1）根据不同位置尼龙孔中挤入铅料的高度以及孔的相应位置，绘制不同试样尺寸条件下（$b/h > 1$、$b/h = 1$ 和 $b/h < 1$），模拟接触面上单位压力分布示意图，如图 7-5 所示。

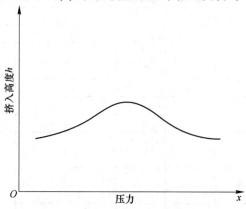

图 7-5　实验模拟金属镦粗变形时接触面上单位压力分布示意图

（2）针对相同试样尺寸，不同变形量对接触面上单位压力分布的影响。

（3）针对相同变形量，不同试样尺寸对接触面上单位压力分布的影响。

（4）绘制变形力-位移的曲线，根据变形力的理论公式，计算变形力的理论值，并与实际值进行比较。

7.6　实验报告要求

（1）写出实验目的和要求。

（2）列表填写实验数据和有关数据的分析。

（3）根据实验得出的数据绘制接触面上单位压力分布曲线图。

（4）分析金属镦粗压缩压下量及试样尺寸对接触面上单位压力分布的影响。

（5）比较金属镦粗压缩变形时的变形力理论值与实测值的差异及原因。

（6）分析实验过程存在的问题和解决这些问题的设想。

（7）列出组长、同组成员、分工情况、实验时间。

7.7　实验注意事项

（1）实验前必须预习实验教程和"金属塑性成形理论"课程的相关内容，需要记录哪些数据、观察哪些现象、预计有哪些实验结果等必须做到心中有数。

（2）实验前必须了解 2000kN 万能材料试验机的性能和相关的操作规程，能正确操作材料试验机等，特别要注意安全操作。

> 思考与讨论

7-1　简述金属镦粗压缩的变形量对接触面上单位压力分布的影响。

7-2　简述金属镦粗压缩的试样几何尺寸对接触面上单位压力分布的影响，将数据记录于表 7-1 中。

7-3　比较变形力理论值与实际值产生偏差的原因。

表 7-1　金属镦粗压缩变形实验的数据记录表

序号	B_0/mm	H_0/mm	b/mm	h/mm	Δh/mm	P_1/MPa	P_2/MPa	P_3/MPa	P_4/MPa

实验 8 金属塑性变形工艺与组织性能 关系的实验分析

8.1 实 验 目 的

金属塑性变形工艺与组织性能关系实验是建立在金属塑性变形、金属学及热处理基础理论上，综合应用金属塑性成形原理等的综合性实验，是材料科学与工程（材料成形与控制方向）专业基础课实践教学的重要环节。通过本实验，使学生全面理解影响金属成形工艺参数、金属组织形态和力学性能的主要因素，掌握利用金属塑性成形的不同方式，改变材料的组织性能，在形状保证的前提下，获得预期的组织性能。通过改变轧制压下量、轧后冷却速度两种工艺参数条件下轧制 16Mn 钢，对其进行单向拉伸实验，冲击实验，硬度测量，金相组织观察，X 射线衍射分析试验，对比分析轧后试样综合力学性能（包括 σ_s、σ_b、ψ、δ、a_k）和组织性能（微观组织、晶粒大小、相结构），建立起成形工艺参数对材料性能的影响规律和相关的数学关系。同时，掌握常用的金属组织结构和力学性能的实验分析研究方法、相应的试样制备和分析技能。

（1）掌握相关实验设备（实验轧机、万能材料试验机、金相显微镜等）的基本操作方法。

（2）掌握常用的金相试样的制备与分析方法。

（3）通过实验进一步加深对金属塑性变形与金属材料组织性能关系的认识，并结合实际，分析金属塑性加工工艺-组织-性能之间的相互关系。

（4）通过实验进一步学会对金属塑性成形过程中的问题的观察、分析和解决问题的基本能力。

8.2 实 验 原 理

在热轧过程中通过对金属加热制度、变形制度、温度制度及冷却工艺的合理控制，使金属热塑性变形与固态相变结合，以获得细小晶粒组织，使金属材料获得优异的综合力学性能。对低碳钢、低合金钢来说，通过轧制工艺参数，细化变形奥氏体晶粒，经过奥氏体向铁素体和珠光体的相变，形成细化的铁素体晶粒和较为细小的珠光体球团，从而达到提高钢铁材料的强度、韧性和焊接性能的目的。同时，控制轧后钢铁材料的冷却速度也达到改善材料组织和性能的目的。

金属材料晶粒尺寸与相结构对轧后材料力学性能和工艺性能都有很大的影响。晶粒尺寸减小，材料的屈服极限升高，脆性转变温度下降。珠光体的体积分数增大时，使钢铁材料硬化，从而导致钢铁材料的韧性变坏。一般情况下，通过金属塑性变形和再结晶过程可实现细化晶粒。变形量很小，不发生再结晶，故晶粒度不改变。这是因为晶格畸变能低，不足以推动再结晶过程的进行。当变形量达到一定值（如碳钢变形量达到 2%~10%）时，再结晶后的晶粒特别粗大，此变形程度称为临界变形程度。在此变形程度下，晶格的畸变能是以推动再结晶过程的进行，但由于变形量小，形成的晶核数目少，因此得到粗大的晶粒。此时，也可能只有少数畸变较大的晶粒发生再结晶。使晶粒大小相差很大，有利于大晶粒吞并小晶粒，而获得粗大晶粒。当变形程度超过临界变形程度以后，变形量越大再结晶后的晶粒越细。这是由于变形程度增加，使再结晶核心数目增多的结果。钢铁材料轧后的冷却速度不仅影响钢铁材料的力学性能及晶粒大小，还会影响微观相结构的构成，如图 8-1 所示为 16Mn 钢的连续冷却曲线。随冷却速度提高，材料微观组织会出现贝氏体，甚至马氏体。

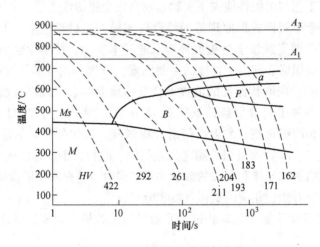

图 8-1　16Mn 钢的连续冷却曲线

本实验是通过改变轧制压下量、轧后冷却速度两种工艺参数条件下轧制 16Mn 钢，对其进行单向拉伸实验，冲击实验，硬度测量，金相组织观察，X 射线衍射分析试验，对比分析轧后试样综合力学性能（包括 σ_s、σ_b、ψ、δ、a_k）和组织性能（微观组织、晶粒大小、相结构），建立起金属塑性成形工艺参数对材料性能的影响规律和关系。

8.3　实验材料和设备

（1）ϕ180mm 实验热轧机。

（2）1000kN 万能材料试验机。

（3）X 射线衍射仪。

（4）显微硬度计、布氏硬度计。

（5）金相显微镜。

（6）低温冲击试验机。

（7）马弗炉。

（8）金相制备设备。

（9）实验材料：16Mn 钢。

8.4　实验方法与步骤

8.4.1　轧制

将 16Mn 钢原料放入加热炉加热 1200℃，保温 30min。在热轧机上分进行多道次热轧，总压量分别控制在 10%、30%、50%、70%。将轧后的试样分别以不同的冷却速度冷却（油冷、水冷、空冷）。轧制过程的数据记录到表 8-1 中。

表 8-1　16Mn 钢轧制工艺参数改变的测量数据记录表

试样编号	道次	H/mm	h/mm	$\Delta h/mm$	B/mm	冷却速度/℃·s^{-1}
A	1					
	2					
	3					
	4					
	5					
B	1					
	2					
	3					
	4					
	5					
C	1					
	2					
	3					
	4					
	5					
D	1					
	2					
	3					
	4					
	5					
E	1					
	2					
	3					
	4					
	5					

8.4.2　力学性能测试

（1）按 GB/T 228 金属材料拉伸试验系列标准要求加工拉伸试样，将拉伸试样在万能材料试验机进行单向拉伸实验，记录实验测定的数据到表 8-2 中。

（2）按《金属材料 夏比摆锤冲击试验方法》（GB/T 229—2007）冲击韧性试验标准要求加工冲击试验试样。将冲击实验试样放入低温冲击试验机进行常温和低温冲击实验，记录实验测定的数据到表 8-2 中。

表 8-2　16Mn 钢力学性能测量数据的记录表

试样编号	σ_b/MPa	σ_s/MPa	ε	ψ	a_k	FATT	HV
A							
B							
C							
D							
E							

8.4.3　金属显微组织与硬度分析

（1）按金相制样要求，制备金相试样，记录实验测定的数据到表 8-3 中。

（2）在光学显微镜下观察分析材料微观组织形态，测量材料硬度值。数据整理，比较分析实验结果并给出结论。

表 8-3　16Mn 钢组织性能测量数据的记录表

试样编号	相构成	晶粒度	HV
A			
B			
C			
D			
E			
F			

8.4.4　相定量分析

（1）按 X 射线制样要求制备试样。

（2）在 X 射线衍射仪分析试样，对所获得 X 射线衍射数据进行分析和计算，数据整理，比较分析实验结果并给出结论。

8.5　实验数据处理

（1）将 16Mn 钢每个试样所对应的轧制及冷却工艺参数记录到相应的表中。

（2）将 16Mn 钢试验所测得的力学性能数据记录到相应的表中。

（3）根据不同轧制压下量，冷却速度对 16Mn 钢组织性能的影响，画出关系曲线图，如图 8-2 所示。

（4）拍摄 16Mn 钢金相照片，并进行保存和打印。

（5）分析 16Mn 钢 X 射线衍射仪分析的数据，并对物相进行鉴定。

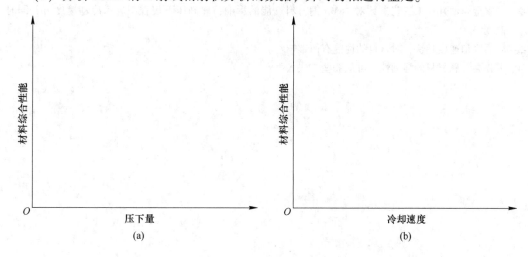

图 8-2　16Mn 钢轧制压下量、冷却速度与力学性能的关系曲线

（a）压下量；（b）冷却速度

8.6　实验报告要求

（1）写出实验目的和要求。

（2）有关实验材料制备、金属结构分析和性能检测的方法说明。

（3）实验方案和预定的轧制和轧后冷却工艺参数说明。

（4）每个试样所给予的形变尺寸和实际操作过程和设备的参数记录，列表填写实验数据。

（5）金相试样图片、硬度与力学性能指标。

（6）结合轧制和轧后冷却工艺，分析说明金属塑性变形工艺–组织–性能之间的关系。

（7）分析实验过程存在的问题和解决这些问题的设想。

（8）列出组长、同组成员、分工情况、实验时间。

8.7　实验注意事项

（1）实验前必须预习本实验教程和"金属塑性成形理论"课程的相关内容，需要记录哪些数据、观察哪些现象、预计有哪些实验结果等必须做到心中有数。

（2）实验前必须了解实验轧机的性能和相关的操作规程，能正确调整轧机和控制轧机的压下等，特别要注意安全操作。

思考与讨论

8-1　在不同轧制和冷却工艺条件下，分析 16Mn 钢金相组织状态变化规律及组织状态对其材料力学性能的影响。

8-2　观察金属塑性加工工艺参数对 16Mn 钢材料性能的影响，轧制压下规程与轧后冷却速度可否同时改变？

8-3　轧后冷却速度越快，对材料的性能有何影响？

8-4　要提高金属材料的强韧性，可从哪些方法入手？

第 3 篇 金属压力加工原理实验

本篇为金属压力加工原理实验，主要介绍金属轧制过程的建立条件、轧制变形、轧制基本参数（如确定轧制摩擦系数、轧件塑性系数、轧机刚度系数等）、轧制力能参数分析、挤压变形参数和挤压力、拉伸变形、拉拔力和拉伸安全系数分析等实验方案设计和实验结果分析要点等。通过本实验教学，进一步巩固和加深金属压力加工专业学生对"金属压力加工原理"课程的理解和认识，初步学会对实验轧机、压力机、力能参数检测等设备的基本操作、相关工模具附件的装配、设备调试等，培养学生对金属轧制、挤压和拉拔变形中的相关问题的观察、分析和解决问题的基本能力以及相应的实验基本技能。

实验 9 轧制过程自然咬入与稳定轧制条件和摩擦系数确定的实验分析

9.1 实 验 目 的

通过在不同摩擦状态条件下轧制矩形铅试样，实验分析确定轧制自然咬入条件下轧件的塑性变形与自然咬入条件之间的关系、轧制过程中的摩擦状态对轧制自然咬入变形的影响。通过测定轧制自然咬入阶段的最大咬入角 α_{max}，考察其与摩擦系数的关系；依据自然咬入的极限条件 $\alpha_{max} = \beta$（β 为摩擦角）的关系式来确定轧制咬入阶段的摩擦系数 f。利用楔形铅试样的轧制来建立稳定轧制条件下的最大容许咬入角 α'_{max}，并通过比较分析 α_{max} 与 α'_{max} 的关系，进一步确定轧制过程建立的条件以及轧件咬入和稳定轧制阶段的摩擦状态的变化情况等。通过本实验进一步加深学生对所学轧制过程的建立条件和轧制过程中的摩擦系数的变化等的理解和认识。

通过本实验达到以下目的：

(1) 熟练掌握实验轧机的基本操作方法；

(2) 分析考察轧制过程自然咬入条件和稳定轧制条件建立的影响因素；

(3) 分析考察轧制过程中的自然咬入阶段到稳定轧制阶段的摩擦状态的变化规律；

(4) 掌握轧制过程中摩擦系数的一般测定方法。

9.2　实　验　原　理

实现轧制过程的必要条件是轧辊的作用力能把轧件拉入辊隙中去，从而实现轧件的塑性变形，并能连续不断地进行轧制。实现轧制咬入过程的实质是当轧件和轧辊接触时，轧辊对轧件的作用力方向和大小能确保轧件在轧制过程中由始终旋转的轧辊带入辊隙之间的变形区中实现塑性变形。

9.2.1　轧制过程开始阶段的咬入条件

9.2.1.1　轧件与轧辊接触时受力分析

轧件与轧辊接触时，轧辊对轧件的作用力如图 9-1 所示。当轧件接触到旋转的轧辊时，在接触点上（实际上是一条沿辊身长度的线）轧件以一力 P 压向轧辊，因此，旋转的轧辊即以与作用力 P 大小相同、方向相反的力作用于轧件上。同时在旋转的轧辊与轧件间产生一摩擦力 T。P 是径向方向的正压力；T 的方向是沿轧辊切线方向，与 P 垂直，且与轧辊转动方向一致。根据库仑摩擦定律，P 与 T 有如下关系：

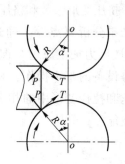

图 9-1　咬入时轧件受力分析

$$T = fP \tag{9-1}$$

式中　f——轧辊与轧件间的摩擦系数。

9.2.1.2　轧件被轧辊咬入的条件

由轧件受力图 9-2 可以看出，P 是外推力，而 T 是拉入力，企图把轧件拉入轧辊辊隙。进一步分析还可以把 P 和 T 进行分解，即分解 P 为 P_x 和 P_y，分解 T 为 T_x 和 T_y。垂直分力 P_y 和 T_y 压缩轧件，使轧件高度减小产生塑性变形。水平力 P_x 和 T_x 是影响轧件可否被咬入的力。P_x 方向与轧件运动方向相反，阻碍轧件进入轧辊间，称为推出力；T_x 与轧件运动方向一致，力图将轧件拉入辊隙，称为咬入力。显然，当 P_x 大于 T_x 时，咬不进；当 P_x 小于 T_x 时，能够咬入；当 P_x 等于 T_x 时，是轧辊咬入轧件的临界条件。

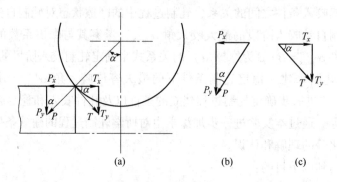

图 9-2　P 和 T 的分解

（a）轧制咬入时的轧件受力图；（b）轧辊对轧件压力 P 的力分解图；（c）轧辊对轧件摩擦力 T 的力分解图

由图 9-2 可知：$P_x = P\sin\alpha$，$T_x = T\cos\alpha$。

当 $P_x = T_x$ 时，则 $P\sin\alpha = T\cos\alpha$。得

$$\frac{T}{P} = \frac{\sin\alpha}{\cos\alpha} = \tan\alpha \tag{9-2}$$

已知 $\frac{T}{P} = f$，所以

$$f = \tan\alpha \tag{9-3}$$

式（9-3）表明，咬入角 α 的正切等于轧件与轧辊间摩擦系数 f 时是咬入的临界条件。改变式（9-3），可写成如下形式：

$$\tan\alpha = \tan\beta$$

或

$$\alpha = \beta \tag{9-4}$$

式中　β ——摩擦角，即 $\beta = \tan^{-1}f$。

式（9-4）即轧辊咬入轧件的临界条件，故轧制过程的自然咬入条件为摩擦角不小于咬入角。

$$\alpha \leqslant \beta \tag{9-5}$$

在一定条件下，f 为一定值，即 β 已知，则咬入角的最大值

$$\alpha_{\max} = \beta \tag{9-6}$$

因此，由式（9-6）可知，通过确定自然咬入阶段的最大咬入角 $\alpha_{\max}$，即可以求出该阶段轧辊与轧件间的摩擦系数 f。

9.2.2　建成稳定轧制过程的条件

在咬入过程中，金属和轧辊的接触表面，一直是连续增加的。随着金属逐渐进入辊隙，轧件与轧辊接触的正压力 P 和摩擦力 T 的作用点也在不断地变化，即向着变形区出口方向移动。

用 δ 表示轧件被咬入后其前端与两辊心连线所成的角度，如图 9-3（a）所示。按轧件进入变形区的程度，开始咬入时 $\delta = \alpha$；随着轧件的逐渐进入，δ 逐渐减小；金属完全充满辊隙时，$\delta = 0$，开始稳定轧制阶段。

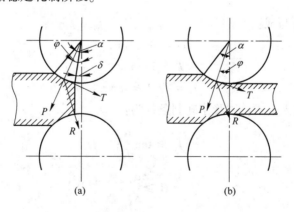

图 9-3　轧件充填辊隙过程中作用力条件的变化图解

（a）充填辊隙过程；（b）稳定轧制阶段

　　图 9-3（b）表示了合力作用点与两辊心连线的夹角 φ，它在轧件不断充填辊隙的过程中，也在不断地变化。随着轧件不断地充填辊隙，合力作用点内移，φ 角自 $\varphi = \alpha$ 开始逐渐减小。相应地，轧辊对轧件作用力的合力逐渐向轧制方向倾斜，向着有利于咬入的方向发展。当轧件充填辊隙过程过渡到稳定轧制阶段，合力作用点位置就固定下来，而所对应的 φ 角不再发生变化，并为最小值。若令

$$\varphi = \frac{\alpha_y}{K_x} \tag{9-7}$$

式中　α_y——建成稳定轧制阶段的咬入角；

　　　　K_x——合力作用点系数。

　　金属充满变形区后，继续轧制的条件仍应是咬入力 T_x 不小于推出力 P_x，即 $T_x \geqslant P_x$，如图 9-4 所示。此时

$$T_x = T\cos\varphi = Pf_y\cos\varphi$$
$$P_x = P\sin\varphi$$

式中　f_y——稳定轧制阶段的摩擦系数。

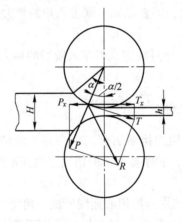

图 9-4　建成稳定轧制过程咬入条件

　　若 $T_x \geqslant P_x$，可写成：

$$T\cos\varphi \geqslant P\sin\varphi$$

或
$$T/P \geqslant \tan\varphi$$

即
$$f_y = T/P \geqslant \tan\varphi$$

　　将 $\varphi = \alpha_y/K_x$ 代入上式，则稳定轧制条件为：

$$f_y \geqslant \tan\frac{\alpha_y}{K_x} \tag{9-8}$$

或
$$\beta_y \geqslant \frac{\alpha_y}{K_x}$$

式中　β_y——稳定轧制阶段的摩擦角，即 $\beta_y = \tan^{-1}f_y$。

　　一般，建成稳定轧制阶段时，$K_x = 2$，所以 $\varphi = \dfrac{\alpha_y}{2}$，即 $\beta_y = \dfrac{\alpha_y}{2}$ 或 $\beta_y \geqslant \alpha_y/2$。

由上述讨论可以得到如下结论：假设由咬入阶段过渡到稳定轧制阶段的摩擦系数不变，即 $\beta = \beta_y$，则稳定轧制阶段允许的咬入角比开始咬入阶段的咬入角可增大 K_x 倍，或近似地认为增大两倍。

同理，可以写出建成稳定轧制阶段的极限条件为：

$$\beta_y \geqslant \frac{\alpha_y}{K_x} \tag{9-9}$$

或

$$\alpha_y \leqslant K_x \beta_y$$

或

$$f_y \geqslant \tan \frac{\alpha_y}{K_x}$$

超出这一条件，轧件就在轧辊辊缝中打滑，这是设计轧制楔形试样的实验基础。

9.2.3　最大压下量和最大咬入角的计算

根据式（9-6），自然咬入时，咬入角的最大值等于摩擦角。即

$$\alpha_{\max} = \beta$$

按最大咬入角 $\alpha_{\max}$ 所计算的压下量即为最大压下量 $\Delta h_{\max}$。咬入角 $\alpha_{\max}$、压下量 $\Delta h_{\max}$ 和轧辊直径 D_K 有如下的几何关系：

$$\Delta h_{\max} = D_K(1 - \cos\alpha_{\max}) \tag{9-10}$$

若将式（9-10）改写一下，则有：

$$\cos\alpha_{\max} = \frac{1}{\sqrt{1 + \tan^2\alpha_{\max}}} = \frac{1}{\sqrt{1 + \tan^2\beta}}$$

$$= \frac{1}{\sqrt{1+f^2}}$$

得

$$\Delta h_{\max} = D_K\left(1 - \frac{1}{\sqrt{1 + f^2}}\right) \tag{9-11}$$

由此可以知道，通过确定咬入时的最大压下量 $\Delta h_{\max}$，即可以求出轧辊与轧件间的摩擦系数 f。

稳定轧制时的最大容许咬入角 $\alpha'_{\max}$，可以通过楔形铅试样进行轧制，当轧制的楔形试样在辊缝中打滑不能再前进时，由几何关系，即可以得到最大容许咬入角 $\alpha'_{\max}$。

假定单位轧制压力沿接触弧均匀分布时，则合力作用点在咬入角的二分之一处，由此得到：

$$\alpha_{\max} = \alpha'_{\max} / 2 \tag{9-12}$$

考虑到实际轧制中单位轧制压力沿接触弧分布不均匀，所以一般：

$$n = \frac{\alpha'_{\max}}{\alpha_{\max}} = 1.5 \sim 2 \tag{9-13}$$

基于上述分析，设计本实验，以确定轧制过程的建立条件和轧制摩擦系数等。

9.3　实验材料和设备

（1）ϕ130mm 二辊实验轧机，如图 4-3 所示。

（2）千分尺、游标卡尺、钢皮尺、木棒。

（3）汽油、酒精、机油、粉笔、铁砂纸。

（4）轧件试样：材料为铅，10mm×15mm×75mm 的矩形试样 3 块，4mm×16mm×15mm×150mm 楔形试样 3 块。

9.4　实验方法与步骤

（1）将试样去除毛边并打光，保证端面成直角，用汽油将试样表面油污擦干净。

（2）试样编号，测量试样尺寸并记录在相应的表内。

（3）用干净的棉纱蘸汽油在轧机出口方向把轧辊表面擦干净。

（4）调整好实验轧机，使上下轧辊平行，并将辊缝调整到 6~8mm（视润滑状态而定）。

（5）矩形试样进行轧制咬入和相应摩擦系数确定的实验。

1）按照三种轧制摩擦状态（干面、粉面和油面），用 3 块矩形铅试样各做一种摩擦状态。

2）把 1 块矩形铅试样放在轧机的机前工作台上，用木棒将试样缓慢地推向轧辊，然后将上轧辊缓慢抬高，直到试样尾部发生抖动，便表示试样即将咬入，这时要特别注意缓慢抬辊，当试样一被咬入，就迅速停止抬辊，取出试样，测量相关尺寸并记录在表9-1 内。

（6）楔形试样进行稳定轧制条件建立的实验。

1）按照三种轧制摩擦状态（干面、粉面和油面），用 3 块楔形铅试样各做一种摩擦状态。

2）开始轧制时将轧辊辊缝调整到 1~2mm（视润滑状态而定）。在楔形铅试样轧制时，当轧件试样在辊缝中不能前进开始打滑时（有啸叫声），马上停机，待轧辊完全停止旋转后，再缓慢抬起轧辊，取出轧制试样（见图 9-5），测量轧制后的试样的相关尺寸并记录在表 9-2 内。

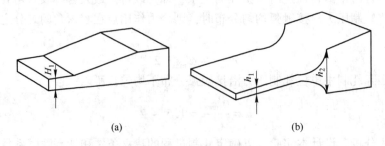

图 9-5　楔形试样的轧制前后外形尺寸

（a）轧制前；（b）轧制后

（7）实验结束后，清理轧机辊面，整理实验工作台和实验工具等。

9.5　实验数据处理

实验数据填入表 9-1 和表 9-2 中。

表 9-1　矩形试样轧制咬入实验记录表

试样编号	试样材料	试验条件	H/mm	h/mm	Δh/mm	α_{max}/(°)	f
		干面轧辊自然咬入					
		粉面轧辊自然咬入					
		油面轧辊自然咬入					

表 9-2　楔形试样稳定轧制实验记录表

试样编号	试样材料	试验条件	H_1/mm	h_1/mm	h_2/mm	Δh_1/mm	Δh_2/mm	α_{max}/(°)	α'_{max}/(°)	f_y	$\dfrac{\alpha'_{max}}{\alpha_{max}}$
		干面轧辊自然咬入									
		粉面轧辊自然咬入									
		油面轧辊自然咬入									

9.6　实验报告要求

（1）写出实验目的和要求。

（2）列出全部原始测试资料、实验数据表格和相关的关系图示。

（3）根据实验得出的数据计算出 α_{max}、β、f、f_y、α'_{max} 的数值。

（4）分析压下量与三种轧制摩擦状态的关系，画出相应的关系曲线图。

（5）分析轧制摩擦系数对轧制自然咬入的影响，画出相应的关系曲线图。

（6）分析自然咬入的最大咬入角 α_{max} 与稳态轧制条件最大容许咬入角 α'_{max} 之间的关系，并讨论 n 值变化的原因及可能波动的范围。

（7）分析讨论自然咬入的条件摩擦系数与稳态轧制条件下的摩擦系数不同的原因。

（8）分析实验过程存在的问题和解决这些问题的设想。

（9）列出组长、同组成员、分工情况、实验时间。

9.7　实验注意事项

（1）实验前必须预习实验报告和"金属压力加工原理"课程的相关内容，对需要记录哪些数据、观察哪些现象、预计有哪些实验结果等必须做到心中有数。

（2）实验前必须了解实验轧机的性能和相关的操作规程，能正确调整轧机和控制轧机的压下等，特别要注意安全操作。

（3）轧制过程中送试样必须用木棒，严禁用手送短试样。取试样必须在轧机出口侧。

思考与讨论

9-1　分析讨论轧制自然咬入条件与轧制过程中的摩擦系数的关系。

9-2　分析讨论自然咬入的极限条件 α_{max} 与稳态轧制条件最大容许咬入角 α'_{max} 之间的关系，并讨论 n 值变化的原因及可能波动的范围。

9-3　比较轧制自然咬入阶段与稳定轧制阶段的摩擦系数变化原因，并进行分析。

9-4　思考轧制过程中轧件与轧辊之间摩擦系数确定的有效方法。

实验 10　轧制过程中影响轧件宽展变形规律的实验分析

10.1　实　验　目　的

通过在不同变形条件下轧制铅试样，测量和分析试样在宽度方向上的变形规律，分析确定轧制工艺条件对轧件宽度上变形的影响，由此建立影响轧件宽度变形（简称宽展）的数学表达式。通过本实验进一步加深学生对所学的轧制过程中轧件宽展变形理论的理解和认识。

通过本实验达到以下目的：

（1）分析考察压下量与轧件宽展的关系；

（2）分析考察轧件原始宽度与轧件宽展的关系；

（3）分析考察轧制过程中摩擦条件与轧件宽展的关系；

（4）分析考察轧制道次与轧件宽展的关系；

（5）掌握轧制过程中轧件宽展变形的一般测量方法。

10.2　实　验　原　理

在轧制变形过程中，金属沿着轧件宽度方向流动引起轧件宽度尺寸发生变化的现象称为宽展。宽展有绝对宽展量和相对宽展量两种表示方法。

绝对宽展量 $\qquad\qquad\qquad \Delta b = b - B$ $\qquad\qquad\qquad$ (10-1)

相对宽展量 $\qquad\quad \beta = \dfrac{b - B}{B} \times 100\% = \dfrac{\Delta b}{B} \times 100\%$ $\qquad\qquad$ (10-2)

宽展的变化与一系列轧制因素有关，它们之间构成复杂的关系。其表达式为：

$$\Delta b = f(H,\ h,\ l,\ B,\ b,\ D,\ \varphi_\alpha,\ \Delta h,\ \varepsilon,\ f,\ t,\ m,\ p_\sigma,\ v,\ \dot{\varepsilon})$$

式中　$H,\ h$ ——变形区轧制前后的高度；

$\quad B,\ b,\ l$ ——轧制前的宽度、轧制后的宽度、变形区的长度；

$\qquad\quad D$ ——轧辊直径；

$\qquad\quad \varphi_\alpha$ ——变形区横断面形状系数；

$\quad \Delta h,\ \varepsilon$ ——压下量及压下率；

$\ f,\ t,\ m$ ——摩擦系数、轧制温度、金属化学成分；

$\qquad\quad p_\sigma$ ——金属的力学性能；

$\qquad\quad v,\ \dot{\varepsilon}$ ——轧辊线速度、变形速度。

H、h、l、B、b、D 和 φ_α 是表示轧制变形区特征的几何因素。f、t、m、p_σ、$\dot{\varepsilon}$ 及 v 是物理因素，它们影响到变形区内的作用力，特别是摩擦力。几何因素和物理因素的综合影响不仅限于变形区的应力状态，同时还涉及轧件的纵向和横向变形的特征等。

轧制时高向压下的金属体积怎样分配给延伸（纵向）和宽展（横向）变形是由体积不变定律和最小阻力定律支配的。为了正确掌握宽展的变化规律和控制宽展，必须对影响宽展的诸因素进行深入分析和研究，影响轧件宽展的主要因素如下。

（1）压下量对宽展的影响。随着压下量的增加，宽展量增加。因为压下量增加，$\Delta h / H$ 增加，引起高向压下的金属体积增加，根据体积不变定律，横向移动的体积必然增加，因此宽展增加。另外，根据最小阻力定律，随压下量的增加，变形区长度也增加，则金属纵向流动的阻力要增加，故金属横向运动趋势增大，使宽展增加。

（2）轧辊直径对宽展的影响。随轧辊直径增大，宽展增加。因为随轧辊直径增大，变形区长度增加，纵向延伸阻力增大，根据最小阻力定律，金属更容易流到轧件宽度方向，所示宽展必然增加。此外，由于轧辊直径的增大，比值 $B / \sqrt{R \Delta h}$ 减小，外区的作用减弱，也促使宽展随轧辊直径的增大而增加。同时，由于轧辊直径的增大，在压下量不变的条件下，接触弧中心角减小，故由轧辊形状的影响所造成的延伸减小也促使宽展的增加。

（3）轧件的宽度对宽展的影响。当轧件宽度小于某一定值时，轧件宽度的增加使宽展增加；超过此一定宽度以后，轧件宽度继续增加而宽展减小，且以后不再对宽展发生影响。

（4）摩擦系数对宽展的影响。随着轧辊表面粗糙度的增加，轧制过程中的摩擦系数增加，其引起的金属纵向（长度方向上）流动阻力增加幅度比金属横向（宽度方向上）流动阻力大，由最小阻力定律可知，流动轧件横向上的金属量就多。因此，轧件宽展是随摩擦系数的增加而增加。

（5）轧制道次对宽展的影响。若总压下量一定，则少道次轧制要比多道次轧制所得到的宽展量大。这是因为道次增多时，在总压下量不变的条件下，每个道次的压下量小，相应的每一道次的变形区长度减小，促使每一道次的金属纵向流动摩擦阻力减小，引起延伸增加，所以宽展减小。

（6）金属性质对宽展的影响。金属性质对宽展的影响，主要是通过化学成分改变金属氧化铁皮的形成和性质，使摩擦系数变化，从而增大或减小宽展的。一般金属合金的宽展比其纯金属的宽展要大。

本实验以变形区的几何因素——轧件宽度、加工因素——轧件的压下量和轧制道次、物理因素——轧制的摩擦状况为例，分析考察它们对轧件宽展变形的影响规律。

10.3　实验材料和设备

（1）ϕ130mm×265mm 二辊实验轧机。

（2）千分尺、游标卡尺、钢皮尺、划针、圆规、木棒。

（3）汽油、酒精、机油、粉笔、铁砂纸。

（4）轧件试样：

1）材料为铅，4.0mm×20mm×75mm、2.5mm×20mm×75mm、2.0mm×20mm×75mm、1.5mm×20mm×75mm 的矩形试样各 3 块为第一组；

2）材料为铅，4.0mm×20mm×75mm 的矩形试样 3 块为第二组；

3）材质为铅，4.0mm×75mm×100mm 的三角形试样 2 块为第三组。

10.4　实验方法与步骤

（1）将试样去除毛边并打光，保证端面成直角，用汽油将试样表面油污擦干净。

（2）试样编号，测量试样尺寸并记录在相关的表内。

（3）用干净的棉纱蘸汽油在轧机出口方向把轧辊表面擦干净。

（4）调整好轧机，使上下轧辊平行，并将辊缝调整到约 1mm（视润滑状态和试样厚度而定）。

（5）压下量和轧制摩擦条件对轧件宽展变形的影响实验。

1）取第一组试样（共 12 块），如图 10-1 所示，找出试样中心线，并在试样的头、中和尾部任取 3 点为圆心，以半径 $r = B/2$ 画圆弧（B 为试样的宽度），并将测量尺寸记录在表 10-1 中。

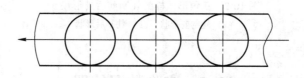

图 10-1　轧制试样的尺寸测量方法

2）将 4 块试样均以一道次轧成 $h = 1.0$mm（压下量分别为 3mm、1.5mm、1.0mm、0.5mm）。

3）轧制后由于不均匀的变形，所以测量轧后轧件宽度时，应测量圆弧的最小直径，此即为试样的轧后宽度 b，填入表 10-1 中。

4）做三种轧制摩擦状态（无油的干面、涂油的油面和涂粉笔粉面）。

（6）轧制道次对轧件宽展的影响实验。

1）取第二组试样（共 3 块），同上一样作圆弧尺寸基准画线，并将测量的尺寸记录在表 10-2 中。

2）每块试样以同一总变形量 $\sum \Delta h = 3.0$mm 进行轧制，但分别以 1 道次、6 道次、12 道次轧成，每道次压下量要相等，并精确测量轧后轧件的宽度变化，并记录在表 10-2 中。

3）轧制摩擦状态：无油的干面或涂粉笔粉面。

（7）轧件宽度对轧件宽展的影响实验。

1）取第三组试样（共 2 块），如图 10-2 所示，画出横向间隔 15mm 的平行线。精确测量每根平行线的宽度（长度）并记录在表 10-3 中，然后将试样画在纸上。其中，一块为干面（做干面轧制实验），一块为粉面（做粉面轧制实验）。

2）以 $\Delta h = 1.5 \sim 2.0$mm 的变形量，以三角形底边在前端平行喂入轧机，注意防止轧件试样歪斜。

3）将轧后的三角形试样同原轧前三角形试样底边及中心线重合，并画在纸上，比较轧后的轧件宽展变形情况。

4）仔细测量轧后的平行线的长度，并记录在表 10-3 中。

（8）实验结束后，清理轧机辊面，整理实验工作台和实验工具等。

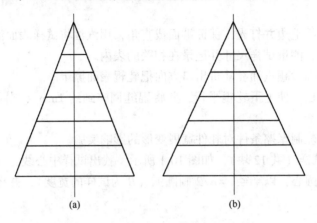

（a）　　　　　　　　（b）

图 10-2　三角形试样的轧制前后外形尺寸

（a）轧制前形状；（b）轧制后形状

10.5　实验数据处理

（1）将实验数据分别填入表 10-1～表 10-3 中。

（2）注意异常数据的分析和剔除。

表 10-1　压下量和轧制摩擦条件对宽展的影响实验数据记录表

试样编号	摩擦状态	H/mm	h/mm	Δh/mm	$\Delta h/H$	B/mm				b/mm				宽展量/mm			
---	---	---	---	---	---	---	---	---	---	---	---	---	---	实验值		计算值	
						B_1	B_2	B_3	B	b_1	b_2	b_3	b	Δb	$\Delta b/B$	Δb	$\Delta b/B$
1	油面																
2																	
3																	
4																	
5	干面																
6																	
7																	
8																	
9	粉面																
10																	
11																	
12																	

表 10-2　轧制道次对宽展的影响实验数据记录表

试样编号	轧制道次数 n	轧制摩擦状态	H/mm	h/mm	Δh/mm	$\Delta h/H$	B/mm				b/mm				宽展量/mm			
															实验值		计算值	
							B_1	B_2	B_3	B	b_1	b_2	b_3	b	Δb	$\Delta b/B$	Δb	$\Delta b/B$
1	1	干面																
2	6																	
3	12																	
4	1	粉面																
5	6																	
6	12																	

表 10-3　轧件原始宽度对宽展的影响实验数据记录表

试样编号	H/mm		h/mm		Δh/mm		B/mm		b/mm		Δb/mm		$\Delta b/B$		备注
	干面	粉面	干面	粉面	干面	粉面	干面	粉面	干面	粉面	干面	粉面	干面	粉面	
1															
2															
3															
4															
5															
6															
7															
8															
9															
10															

10.6　实验报告要求

（1）写出实验目的和要求。

（2）列出全部原始测试资料、实验数据表格和相应的关系图示。

（3）根据实验得出的数据曲线图，回归出相应的数学表达式。

（4）作出压下量对宽展的关系图：$\Delta b = f(\Delta h)$，$\Delta b = f\left(\dfrac{\Delta h}{H}\right)$ 和 $\dfrac{\Delta b}{B} = f(\Delta h)$，$\dfrac{\Delta b}{B} = f\left(\dfrac{\Delta h}{H}\right)$，并进行数学回归分析。

（5）作出摩擦状态对宽展的关系图：$\Delta b = f(f)$ 和 $\dfrac{\Delta b}{B} = f(f)$，并进行数学回归分析。

（6）作出轧制道次对宽展的关系图：$\Delta b = f(n)$ 和 $\dfrac{\Delta b}{B} = f(n)$，并进行数学回归分析。

（7）作出轧件宽度对宽展的关系图：$\Delta b = f(B)$ 和 $\dfrac{\Delta b}{B} = f(B)$，并进行数学回归分析。

（8）分析实验过程存在的问题和解决这些问题的设想。

（9）列出组长、同组成员、分工情况、实验时间。

10.7　实验注意事项

（1）实验前必须预习实验报告和"金属压力加工原理"课程的相关内容，对需要记录哪些数据、观察哪些现象、预计有哪些实验结果等做到心中有数。

（2）实验前必须了解实验轧机的性能和相关的操作规程，能正确调整轧机和控制轧机的压下，特别注意轧机的操作安全。

（3）轧制过程中送轧件试样必须用木棒，严禁用手送短试样。取试样必须在轧机出口侧。

思考与讨论

10-1　分析讨论压下量与轧件宽展变形的关系。

10-2　分析讨论轧件原始宽度与轧件宽展变形的关系。

10-3　分析讨论轧制过程中摩擦条件与轧件宽展变形的关系。

10-4　分析讨论轧制道次与轧件宽展的关系。

实验 11 轧制过程轧件前滑变化规律的实验分析

11.1 实 验 目 的

通过在不同变形条件下轧制铅试样轧件，测量轧件在纵向（长度方向）上的变形，分析轧制工艺条件对轧件纵向变形的影响，并证明轧制过程中轧件前滑变形的存在，由此建立影响轧件纵向变形（简称前滑）的数学关系表达式。通过本实验进一步加深学生对所学轧制前滑变形理论的理解和认识。

通过本实验达到以下目的：

（1）分析考察压下量与轧件前滑变形的关系；

（2）分析考察轧件厚度与轧件前滑变形的关系；

（3）分析考察轧制过程中摩擦条件与轧件前滑变形的关系；

（4）掌握轧件前滑变形的一般测量方法。

11.2 实 验 原 理

在轧制过程中，轧件出口速度 v_h 大于轧辊在该处的线速度 v ，即 $v_h > v$ 的现象称为前滑。而轧件进入轧辊的速度 v_H 小于轧辊在该处线速度 v 的水平分量 $v\cos\alpha$ 的现象称为后滑。轧制的前滑大小通常用前滑值（S_h）表示，其定义为将轧件出口速度 v_h 与对应点的轧辊圆周速度的线速度之差和轧辊圆周速度的线速度的比值。前滑值（S_h）定义的数学表达式为：

$$S_h = \frac{v_h - v}{v} \times 100\% \tag{11-1}$$

式中　S_h ——前滑值；

　　　v_h ——在轧辊出口处的轧件速度；

　　　v ——轧辊的圆周速度。

前滑值测量分析的刻痕法是基于以下原理：即将式（11-1）中的分子和分母分别各乘以轧制时间 t ，则得：

$$S_h = \frac{v_h t - vt}{vt} = \frac{L_h - L}{L} \tag{11-2}$$

式中　L ——轧辊转过的长度；

　　　L_h ——对应轧件变形运动后的长度。

由此，实验前在轧辊表面上刻出距离为 L 的两个小坑，如图 11-1 所示。轧制后，轧件表面出现距离为 L_h 的两个凸起。测出相应的尺寸用式（11-2）则能计算出轧制时的前滑值。

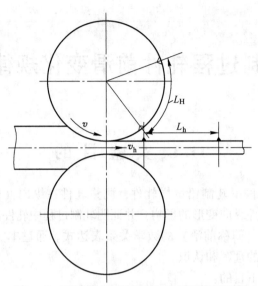

图 11-1　用刻痕法测量轧制前滑原理的示意图

11. 2. 1　轧制前滑理论计算公式

目前理论计算前滑值公式是采用 Fink（芬克）公式的简化式：

$$S_h = \frac{R}{h}\gamma^2 \tag{11-3}$$

式中　γ——中性角。

$$\gamma = \frac{\alpha}{2}\left(1 - \frac{\alpha}{2\beta}\right) \tag{11-4}$$

式中　α——咬入角；

　　　　β——摩擦角。

11. 2. 2　影响轧制前滑的主要因素

影响前滑的因素很多，有轧辊直径、摩擦系数、压下率、轧件厚度、轧件宽度、张力等。

$$S_h = f(H,\ h,\ l,\ B,\ b,\ D,\ \Delta h,\ \varepsilon,\ f,\ q,\ \cdots) \tag{11-5}$$

式中　$H,\ h,\ l,\ B,\ b,\ D$——轧件前厚度、轧件后厚度、变形区长度、轧件前宽度、轧件后宽度、轧辊直径；

　　　　$\Delta h,\ \varepsilon$——压下量、压下率；

　　　　$f,\ q$——摩擦系数、张力。

这些因素的影响比较复杂而且它们之间还互相影响。轧制前滑的大小依然受塑性变形的体积不变条件和最小阻力定律支配。主要影响因素有以下几种。

（1）压下率对前滑的影响。前滑随压下率的增加而增加，其原因是高向压缩变形增加，纵向和横向变形增加，因而前滑值 S_h 增加。

（2）轧件厚度对前滑的影响。轧件轧后厚度 h 减小时前滑增加。由式（11-3）可知，轧辊半径 R 和中性角 γ 不变时，轧件厚度 h 越减小，则前滑值 S_h 越增大。

（3）轧件宽度对前滑的影响。轧件宽度小于 40mm 时，随轧件宽度增加前滑也增加；但轧件宽度大于 40mm 时，宽度再增加，其前滑值则为一定值。这是因为轧件宽度小时，增加宽度其相应的横向阻力增加，所以宽展减小，相应的延伸增加，所以前滑值 S_h 也因之增加；当大于一定值时，达到平面变形条件，轧件宽度对宽展不起作用，故轧件宽度再增加，宽展为一定值，延伸也为定值，所以前滑值 S_h 也不变。

（4）辊直径对前滑的影响。从芬克的前滑公式（11-3）可以看出，前滑值随辊径增加而增加。这是因为在其他条件相同的情况下，当辊径增加时，咬入角 α 就要降低，而摩擦角 β 保持常数，所以稳定轧制阶段的剩余摩擦力相应地就增加，由此将导致金属塑性流动速度的增加，也就是前滑 S_h 的增加。

（5）摩擦系数对前滑的影响。在压下量及其他工艺参数相同的条件下，摩擦系数 f 越大，其前滑值越大。这是由于摩擦系数增大引起剩余摩擦力增加，从而使前滑值 S_h 增大。

（6）张力对前滑的影响。前张力增加时，金属向前流动的阻力减小，从而增加前滑区，使前滑值 S_h 增加。反之，后张力增加时，则后滑区增加，使前滑值 S_h 减小。

由此可见，影响轧制前滑的因素是比较复杂的，为了正确掌握前滑的变化规律和控制前滑值 S_h，必须对影响前滑的诸因素进行深入分析和研究。本实验以压下量、轧件厚度、摩擦状况为例，分析和考察它们对轧制前滑的影响规律。

11.3　实验材料和设备

（1）ϕ130mm×265mm 二辊实验轧机。
（2）千分尺、游标卡尺、钢皮尺、木棒。
（3）汽油、酒精、机油、粉笔、铁砂纸。
（4）轧件试样：材料为铅，4.0mm×50mm×500mm 的矩形试样两块。

11.4　实验内容、步骤及结果

（1）将试样去除毛边并打光，保证端面成直角，用汽油将试样表面油污擦干净。
（2）试样编号，测量试样尺寸并记录在表 11-1 中。
（3）用干净的棉纱蘸汽油在轧机出口方向把轧辊表面擦干净。
（4）调整好轧机，使上下轧辊平行，并将辊缝调整到约 1mm（视润滑状态和试样厚度而定）。
（5）干面试样压下量对前滑的影响。取一块干面的试样进行轧制，每一道均取压下量为 0.5mm，共轧制 6 道，每轧一道，测量轧件表面上的刻痕长度和试样厚度，并记录在表 11-1 中。
（6）粉面试样压下量对前滑的影响。取一块粉面的试样进行轧制，每一道均取压下量为 0.5mm，共轧制 6 道，每轧一道，测量轧件表面上的刻痕长度和试样厚度，并记录在表 11-1 中。
（7）实验中可以尝试带前后张力对轧制前滑的影响。
（8）实验结束后，清理轧机辊面，整理实验工作台和实验工具等。

11. 5　实验数据处理

实验数据填入表 11-1 中。

表 11-1　前滑测量数据的记录表

道次	H/mm		h/mm		Δh/mm		B/mm		b/mm		L_h/mm		$S_{h测}$/mm		$S_{h理}$/mm	
	干	粉	干	粉	干	粉	干	粉	干	粉	干	粉	干	粉	干	粉
1																
2																
3																
4																
5																
6																

11. 6　实验报告要求

（1）写出实验目的和要求。

（2）列出全部原始测试资料、实验数据表格和相应的关系图示。

（3）根据实验得出的数据曲线图，回归出相应的数学表达式。

（4）作出压下量对前滑的关系图：$S_h = f(\Delta h)$，$S_h = f\left(\dfrac{\Delta h}{H}\right)$，并进行数学回归分析。

（5）作出轧件厚度对前滑的关系图：$S_h = f(h)$，并进行数学回归分析。

（6）作出摩擦状态对前滑的关系图：$S_h = f(f)$，并进行数学回归分析。

（7）分析理论计算与实测值的差异，并分析产生原因。

（8）分析实验过程存在的问题和解决这些问题的设想。

（9）列出组长、同组成员、分工情况、实验时间。

11. 7　实验注意事项

（1）实验前必须预习实验报告和"金属压力加工原理"课程的相关内容，对需要记录哪些数据、观察哪些现象、预计有哪些实验结果等做到心中有数。

（2）实验前必须了解实验轧机的性能和相关的操作规程，能正确调整轧机和控制轧机的压下，特别注意轧机的安全操作。

（3）轧制过程中送试样必须用木棒，严禁用手送短试样。取试样必须在轧机出口侧。

思考与讨论

11-1 分析讨论轧制前滑存在的原因。

11-2 分析讨论轧制变形量对轧件前滑变形的影响。

11-3 分析讨论轧制摩擦状态对轧件前滑变形的影响。

11-4 分析讨论施加前后张力后对轧件前滑变形的影响。

实验 12　单位轧制压力分布规律模拟的实验分析

12.1　实验目的

在沿轧辊圆周方向上开有一定深度槽的轧辊上，轧制铅试样板料。根据轧制过程中铅试样镶嵌到轧辊深槽中的深度和形状分布情况，模拟轧制过程中单位轧制压力沿轧制变形区长度上分布、单位轧制压力的峰值 p_{max} 位置变化等，由此进一步论证影响轧制过程中单位轧制压力分布的因素等。通过本实验进一步加深学生对所学轧制单位压力分布特征的认识和理解。

通过本实验达到以下目的：

(1) 分析考察轧制压下量变化对单位轧制压力分布的影响；

(2) 分析考察轧件厚度变化对单位轧制压力分布的影响；

(3) 分析考察轧制过程中摩擦条件变化与对单位轧制压力分布的影响。

12.2　实验原理

轧制过程中，轧件沿轧制变形区长度方向变形时，由于受到来自轧辊的外摩擦和轧件的外区（轧制过程中轧件处于未变形的区域）阻碍作用，变形区中金属向变形区入口和出口方向流动困难，而且越往变形区中部，金属流动越困难。与此同时，变形区中部金属受到的三向压应力状态也越强。其结果使得单位轧制压力沿变形区接触弧分布不均匀，单位轧制压力在轧件入口面和出口面处比较低，而往中间呈升高的分布状态，如图 12-1 和图 12-2 所示。

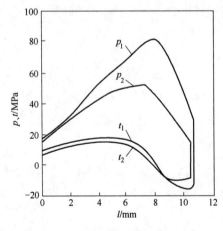
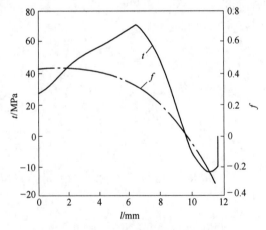

图 12-1　第一种典型轧制时单位压力 p
及单位摩擦力 t 沿接触弧分布
1—$H=2.5$, $h=1.5$, $\varepsilon=40\%$；
2—$H=3.0$, $h=2.0$, $\varepsilon=34\%$

图 12-2　摩擦力及摩擦系数沿接触弧分布
$H=2.0$, $h=1.0$, $\Delta h=1.0$, $\varepsilon=50\%$

根据金属塑性变形的最小阻力定律，轧件流入轧辊深槽中的金属量的分布也呈现与单位轧制压力相同的特征，即在近轧件入口面和出口面处流入金属量比较少，流入深度比较低（金属主要是流向变形区长度方向），而中部流入的金属量比较多，流入深度比较高（流向变形区长度方向金属量比较少）。因此，可以依据流入轧辊深槽中的金属量（镶嵌到轧辊深槽中的金属量）多少和其分布特征来模拟单位轧制压力的分布规律。

理论和实验研究表明，在相同的温度-速度条件下的同一金属，在轧辊直径、压下量和咬入角均为常值的条件下，可以依据轧制的变形量 ε 值大小，将轧制划分为三种典型轧制情况，即薄件、厚件和中等厚件，其对应的单位轧制压力分布有明显的特征。

（1）第一种典型轧制（薄件大变形）情况的力学特征。第一种典型轧制情况，即大压下量轧制薄轧件的过程，其 $\varepsilon = 34\% \sim 50\%$，相当于板带轧制。这种情况下，单位轧制压力沿接触弧分布呈明显峰值的曲线，由变形区入口和出口面向中性面处上升，其单位轧制压力的峰值 p_{max} 在近中性面处，如图 12-1 所示。当轧制压下率越大时，单位轧制压力越高，其峰值 p_{max} 越尖，而且尖峰向轧件出口方向移动。

在简单轧制中曾假设：单位压力、单位摩擦力沿接触弧的分布是均匀不变的常值，而且摩擦遵从于干摩擦定律。但实际上，这一假设与实际差别很大，不仅单位压力 p 及摩擦力 t 沿接触弧分布不均匀，而且摩擦系数沿接触弧的分布，也不是常值，如图 12-2 所示，呈曲线形分布。

（2）第三种典型轧制（厚件小变形）情况的力学特征。第三种典型轧制情况，即小压下量轧制厚轧件的过程，$\varepsilon < 10\%$，相当于初轧开始道次或板坯立轧道次。其单位轧制压力分布特征如图 12-3 所示，即单位轧制压力分布也是由变形区的入口和出口面向中间部位上升，单位轧制压力分布也具有明显的峰值 p_{max}，该峰值 p_{max} 在近变形区入口处，且向着出口方向急剧降低。同时，摩擦力的分布也呈现不均匀的分布。

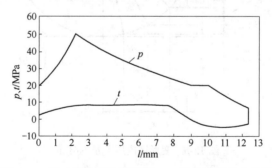

图 12-3　第三种典型轧制情况 p、t 沿接触弧分布曲线

$H = 20$，$h = 19$，$\varepsilon = 5\%$

（3）第二种典型轧制情况的力学特征。第二种典型轧制情况是介于第一种和第三种典型轧制之间，即轧制中等厚度轧件的过程，轧制变形量 ε 为 $15\% \sim 25\%$。其单位轧制压力的分布如图 12-4 所示，单位轧制压力分布曲线没有明显的峰值，相对第一种和第三种典型轧制而言，单位轧制压力分布比较均匀些，且单位轧制压力数值较小。相应的单位摩擦力等分布情况也较均匀些。

上述三种典型轧制的力学特征（即单位轧制压力分布特征）是受到轧制的摩擦和外

78

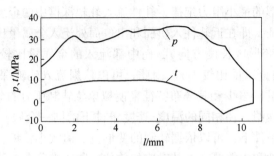

图 12-4　第二种典型轧制情况 p、t 分布曲线

区这两种因素制约和影响的。

第一种典型轧制情况（轧薄件时）下，摩擦因素起的作用大，由摩擦引起的三向压应力状态加强，因而单位轧制压力很大，且出现峰值 p_{max} 在摩擦力变向处（近中性面处），即三向压应力最强的地方。

第三种典型轧制情况（轧厚件时）下，由于变形不深透及外区因素的影响，受压金属的变形被限制，因而引起三向压应力和单位轧制压力增加。若局部的压下量越大，则压力增加的程度也会越大。如图 12-5 所示，在 x_1 和 x_4 两个相等线段内，入口处的压下量 Δh_1 比 Δh_4 大得多。这充分表明单位轧制压力的峰值 p_{max} 靠近变形区入口处。

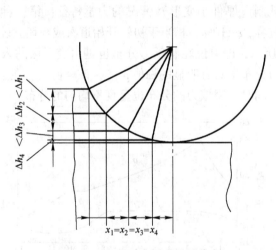

图 12-5　变形区内压下量的分布

第二种典型轧制情况下，外区和摩擦两因素都有影响，但均不严重，故此时单位轧制压力无明显的峰值，且其值比第一种和第三两种典型轧制情况下的值为小。

本实验基于上述分析，通过轧制的模拟实验，进一步论证单位轧制压力分布的变化规律和特征。

12.3　实验材料和设备

（1）$\phi 130mm \times 265mm$ 二辊实验轧机，轧辊上开有带有一定斜度、宽度和深度的槽。

（2）千分尺、游标卡尺、钢皮尺、木棒。

（3）汽油、酒精、机油、粉笔、铁砂纸。

（4）轧件试样：材料为铅，15mm×60mm×200mm 矩形试样 12 块。

12.4　实验方法与步骤

（1）将试样去除毛边并打光，保证端面成直角，用汽油将试样表面油污擦干净。

（2）试样编号，测量试样尺寸并记录在表 12-1 和表 12-2 中。

（3）用干净的棉纱蘸汽油在轧机出口方向把轧辊表面和轧辊深槽中全部擦干净。

（4）调整好轧机，使上下轧辊平行，根据轧制的实验要求将辊缝调整到所需高度。

（5）实验的矩形铅试样对准轧辊的深槽送入辊缝之间，一旦轧件头部出了辊缝，立刻停下轧机后，缓慢抬辊，将试样缓慢取出（要防止镶嵌入轧辊深槽中的试样再发生变形），然后沿变形区长度方向上测量镶嵌入轧辊深槽中的试样高度。

（6）干面试样轧制压下量对单位轧制压力分布的影响实验。取 6 块干面的矩形铅试样进行轧制，轧制压下率分别为 $\varepsilon = 5\%$、$\varepsilon = 10\%$、$\varepsilon = 15\%$、$\varepsilon = 20\%$、$\varepsilon = 40\%$、$\varepsilon = 60\%$，测量镶嵌入轧辊深槽中的试样高度，并记录在表 12-1 中。

（7）粉面试样轧制压下量对单位轧制压力分布的影响实验。取 6 块粉面的矩形铅试样进行轧制，轧制压下率分别为 $\varepsilon = 5\%$、$\varepsilon = 10\%$、$\varepsilon = 15\%$、$\varepsilon = 20\%$、$\varepsilon = 40\%$、$\varepsilon = 60\%$，测量镶嵌入轧辊深槽中的试样高度，并记录在表 12-2 中。

（8）实验结束后，清理轧机辊面，整理实验工作台和实验工具等。

12.5　实验数据处理

实验数据填入表 12-1 和表 12-2 中。

表 12-1　干面试样轧制实验数据

试样编号	轧制变形量 $\varepsilon/\%$	变形区形状因子 $l/\bar{h} = \sqrt{R\Delta h}/(H + h)/2$	镶嵌入轧辊深槽中的试样高度/mm							峰值 p_{max} 位置
			入口面	1	2	3	4	5	出口面	
1										
2										
3										
4										
5										
6										

表 12-2　粉面试样轧制实验数据

试样编号	轧制变形量 $\varepsilon/\%$	变形区形状因子 $l/\bar{h} = \sqrt{R\Delta h}/(H + h)/2$	镶嵌入轧辊深槽中的试样高度/mm							峰值 p_{max} 位置
			入口面	1	2	3	4	5	出口面	
1										
2										

试样编号	轧制变形量 $\varepsilon/\%$	变形区形状因子 $l/\bar{h} = \sqrt{R\Delta\bar{h}}/(H+h)/2$	镶嵌入轧辊深槽中的试样高度/mm							峰值 p_{max} 位置
			入口面	1	2	3	4	5	出口面	
3										
4										
5										
6										

12.6　实验报告要求

（1）写出实验目的和要求。

（2）列出全部原始测试资料、实验数据表格和相应的关系图示。

（3）根据表 12-1 中实验数据，作出干面轧制、轧制变形量变化时，单位轧制压力分布的关系曲线 $p = f(l_x)$，干面轧制、轧制变形区形状因子变化时，单位轧制压力分布的关系曲线 $p = f(l_x)$。

（4）根据表 12-1 中实验数据，作出粉面轧制、轧制变形量变化时，单位轧制压力分布的关系曲线 $p = f(l_x)$，粉面轧制、轧制变形区形状因子变化时，单位轧制压力分布的关系曲线 $p = f(l_x)$。

（5）比较不同轧制变形量和变形区形状因子对单位轧制压力分布的影响。

（6）比较不同轧制摩擦状态对单位轧制压力分布的影响。

（7）分析实验过程存在的问题和解决这些问题的设想。

（8）列出组长、同组成员、分工情况、实验时间。

12.7　实验注意事项

（1）实验前必须预习实验报告和"金属压力加工原理"课程的相关内容，对需要记录哪些数据、观察哪些现象、预计有哪些结果等做到心中有数。

（2）实验前必须了解实验轧机的性能和相关的操作规程，能正确调整轧机和控制轧机的压下，特别注意安全操作。

（3）轧制实验时送试样必须用木棒，严禁用手送短试样。取试样必须在轧机出口侧。

思考与讨论

12-1　分析讨论单位轧制压力不均匀分布的原因。

12-2　分析讨论三种典型轧制时的单位轧制压力分布特征的形成原因。

12-3　分析轧制压下量变化对单位轧制压力分布的影响及原因。

12-4　分析变形区形状因子变化对单位轧制压力分布的影响及原因。

12-5　分析轧制过程中摩擦条件变化与对单位轧制压力分布的影响及原因。

12-6　分析影响单位轧制压力峰值 p_{max} 位置变化的因素。

实验 13 影响轧制压力变化因素的实验分析

13.1 实 验 目 的

对不同变形抗力的材料（铅、铝、低碳钢等），在不同的摩擦状态（干面、粉面、油面等）、不同的变形量、不同的轧制状态（同步轧制、异步轧制和不同的异步比）情况下进行轧制，实测分析其轧制压力的变化规律，从而确定影响轧制压力变化的因素。通过本实验进一步加深学生对所学轧制压力理论的认识和理解。

通过本实验达到以下目的：

(1) 分析考察轧件变形力、轧制摩擦状态和变形量对轧制压力的影响；

(2) 分析考察同步轧制和异步轧制对轧制压力的影响；

(3) 分析考察不同异步轧制比的变化对轧制压力的影响；

(4) 掌握轧制压力的一般实测方法。

13.2 实 验 原 理

А·И·采利柯夫在解 Т·卡尔曼（Karman）微分方程时，摩擦力分布规律采用干摩擦定律（物理条件）；接触弧方程采用以弦代弧（几何条件）；对于边界条件，设 K 为常值，并考虑前后张力的影响，得出的单位轧制压力计算公式为：

后滑区
$$p_\text{H} = \frac{K}{\delta} \left[(\xi_\text{H} \delta - 1) \left(\frac{H}{h_x} \right)^\delta + 1 \right] \tag{13-1}$$

前滑区
$$p_\text{h} = \frac{K}{\delta} \left[(\xi_\text{h} \delta + 1) \left(\frac{h_x}{h} \right)^\delta - 1 \right] \tag{13-2}$$

当无前后张力时，$q_\text{h} = q_\text{H} = 0$，$\xi_\text{h} = \xi_\text{H} = 1$，则有：

后滑区
$$p_\text{H} = \frac{K}{\delta} \left[(\delta - 1) \left(\frac{H}{h_x} \right)^\delta + 1 \right] \tag{13-3}$$

前滑区
$$p_\text{h} = \frac{K}{\delta} \left[(\delta + 1) \left(\frac{h_x}{h} \right)^\delta - 1 \right] \tag{13-4}$$

知道了单位轧制压力沿接触弧的分布，就可按式（13-5）计算轧制压力，即

$$P = \bar{B} \int_0^l p \mathrm{d}x = \bar{B} l \frac{1}{l} \int_0^l p \mathrm{d}x \tag{13-5}$$

$$\bar{p} = \frac{1}{l} \int_0^l p \mathrm{d}x$$

$$F = \bar{B} l$$

因此，轧制压力的计算即为平均单位轧制压力 $\bar{p}$ 与接触面水平投影面积 F 的乘积，即

$$P = \bar{p} \cdot F \tag{13-6}$$

通过分析上述描述单位轧制压力沿接触弧分布规律的方程，可以看出，影响单位轧制压力的主要因素有外摩擦系数、轧辊直径、压下量、前件高度和前后张力等。

根据式（13-1）~式（13-4）可得图 13-1 所示的接触弧上单位压力分布图。由图13-1上可看出，在接触弧上单位压力的分布是不均匀的，由轧件入口开始向中性面逐渐增加并达到最大值，然后逐渐降低至出口。

而切向摩擦力在中性面上改变方向，其分布规律如图 13-1 所示。

轧制压力和单位轧制压力与诸影响因素间的关系，如图 13-2 ~ 图 13-5 中的曲线所示，分析这些定性曲线可得以下结论。

图 13-2 所示为接触摩擦对单位轧制压力的影响，摩擦系数越大，从入口、出口向中性面的单位轧制压力增加越快，显然，轧件对轧辊的总压力（轧制压力）因之而增加。

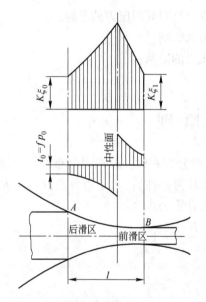

图 13-1　在干摩擦条件下（$t_x = fp_x$）接触弧上单位压力分布图

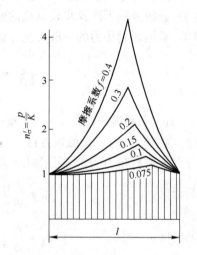

图 13-2　摩擦对单位压力分布的影响
$\left(\dfrac{\Delta h}{H} = 30\%,\ \alpha = 5°\,40',\ \dfrac{h}{D} = 1.16\% \right)$

图 13-3 为相对压下量对单位轧制压力的影响，在其他条件一定的情况下，随相对压下量增加，接触弧长度增加，单位轧制压力也相应增加，轧件对轧辊的总压力增加，不仅是由于接触面积增加，而且由于单位轧制压力本身也增加。

图 13-4 为辊径对单位轧制压力的影响，随轧辊直径增加，接触弧长度增加，单位轧制压力相应增加，轧制压力也随之增加。

图 13-5 为张力对单位轧制压力的影响，采用张力轧制使单位轧制压力显著降低，张力越大，单位轧制压力越小，轧制压力也随之减小，且不论是前张力还是后张力均使单位轧制压力降低，其中后张力的影响更大。

异步轧制时，由于上下轧辊的圆周线速度的不同，结果在轧制变形区中形成一个搓轧区，使变形区中的三向压应力状态减弱，削减单位轧制压力峰值，从而使轧制压力降低，而且，异步轧制的异步比 $\left(i = \dfrac{v_{快}}{v_{慢}}\right)$ 越大，轧制压力的降低幅度也越大。

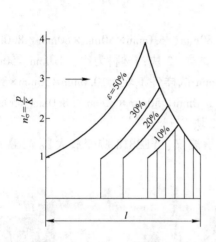

图 13-3　压下量对单位压力分布的影响

$$\frac{h}{D} = 0.5\%,\ f = 0.2$$

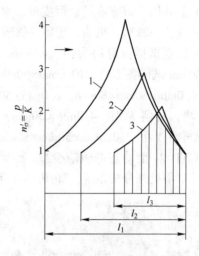

图 13-4　辊径与厚度比值对单位压力分布的影响

$$\frac{\Delta h}{H} = 30\%,\ f = 0.3$$

1—$D = 700\text{mm}$，$D/h = 350$；2—$D = 400\text{mm}$，$D/h = 200$；

3—$D = 200\text{mm}$，$D/h = 100$

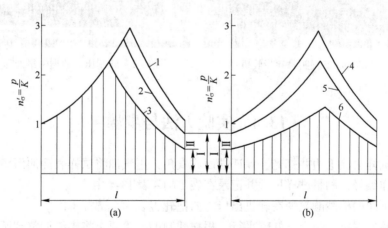

图 13-5　张力对单位压力分布的影响

Ⅰ—$0.8K$；Ⅱ—$0.5K$；1—$q_{h} = 0$；2—$q_{h} = 0.2K$；3—$q_{h} = 0.5K$；

4—$q_{h} = q_{H} = 0$；5—$q_{h} = q_{H} = 0.2K$；6—$q_{h} = q_{H} = 0.5K$

本实验基于上述分析，通过对不同变形抗力的材料（铅、铝、低碳钢等），在不同的摩擦状态（干面、粉面、油面等）、不同的变形量、不同的轧制状态（同步轧制、异步轧制和不同的异步比）情况下轧制，实测分析轧制压力的变化规律。

13.3 实验材料和设备

（1）ϕ130mm×265mm 二辊实验轧机、ϕ130mm 二辊实验异步轧机，如图 13-6 所示。

（2）千分尺、游标卡尺、钢皮尺、木棒。

（3）汽油、酒精、机油、粉笔、铁砂纸。

（4）轧制试样：材料为铅，4.0mm×50mm×80mm、6.0mm×50mm×80mm、8.0mm×50mm×80mm 试样各 1 块，10.0mm×50mm×80mm 试样 12 块；材料为铝，4.0mm×50mm×80mm、6.0mm×50mm×80mm、8.0mm×50mm×80mm 试样各 1 块，10.0mm×50mm×80mm 试样 12 块；材料为钢，4.0mm×50mm×80mm、6.0mm×50mm×80mm、8.0mm×50mm×80mm 试样各 1 块，10.0mm×50mm×80mm 试样 12 块。

（5）YD-21 型动态电阻应变仪、SC-16 光学示波仪、YE3818 应变放大器、INV306U 智能信号采集处理分析系统，如图 13-7 所示。

图 13-6　ϕ130mm 二辊实验异步轧机　　　　图 13-7　轧制压力数据采集处理分析系统

13.4 实验方法与步骤

（1）将试样去除毛边并打光，保证端面成直角，用汽油将试样表面油污擦干净。

（2）试样编号，测量试样尺寸并记录在表 13-1～表 13-4 中。

（3）用干净的棉纱蘸汽油在轧机出口方向把轧辊表面全部擦干净。

（4）调整好轧机，使上下轧辊平行，根据轧制的实验要求将辊缝调整到所需高度。

（5）轧件变形抗力、摩擦状态、变形量对轧制压力的影响实验。

1）ϕ130mm×265mm 二辊同步实验轧机辊缝 $S_0 = 1.5 \sim 2.0$mm，辊缝左右调平衡；同时，轧制压力测试系统调零平衡，信号衰减调到适当值等。

2）在干面的摩擦条件下，厚度为 10.0mm 的铅板、铝板、钢板依次轧到 8.0mm、6.0mm、4.0mm、2.0mm，并依次记录各道次的轧制压力。

3）在粉面的摩擦条件下，厚度为 10.0mm 的铅板、铝板、钢板依次轧到 8.0mm、6.0mm、4.0mm、2.0mm，并依次记录道次的轧制压力。

4）在油面的摩擦条件下，厚度为 10.0mm 的铅板、铝板、钢板依次轧到 8.0mm、6.0mm、4.0mm、2.0mm，并依次记录各道次的轧制压力。

（6）同步和异步轧制状态对轧制压力的影响实验。

1）ϕ130mm×265mm 二辊异步轧机的辊缝 $S_0 = 1.5 \sim 2.0$mm，辊缝左右调平衡；同时，轧制压力测试系统调零平衡，信号衰减调到适当值等。

2）在干面的摩擦条件下，异步比 i 分别为 1.2、1.4、1.6 时，厚度为 10.0mm 的铅板、铝板、钢板依次轧到 8.0mm、6.0mm、4.0mm、2.0mm，并依次记录各道次的轧制压力。

3）在粉面的摩擦条件下，异步比 i 分别为 1.2、1.4、1.6 时，厚度为 10.0mm 的铅板、铝板、钢板依次轧到 8.0mm、6.0mm、4.0mm、2.0mm，并依次记录各道次的轧制压力。

（7）实验结束后，清理轧机辊面，整理实验工作台和实验工具等。

13.5　实验数据处理

实验数据填入表 13-1～表 13-4 中。

表 13-1　同步轧件时的轧制压力实验数据表

材　料	轧制摩擦状态	轧制前厚度 $H/$mm	轧制后厚度 $h/$mm	轧制变形量 $\Delta h = H - h /$mm	轧制压力 $P/$kN
铅板	干面				
	粉面				
	油面				
铝板	干面				
	粉面				
	油面				

续表 13-1

材　料	轧制摩擦状态	轧制前厚度 H/mm	轧制后厚度 h/mm	轧制变形量 $\Delta h = H - h /mm$	轧制压力 P/kN
钢板	干面				
	粉面				
	油面				

表 13-2　异步轧件时的轧制压力实验数据表（异步比 $i = 1.2$）

材　料	轧制摩擦状态	轧制前厚度 H/mm	轧制后厚度 h/mm	轧制变形量 $\Delta h = H - h /mm$	轧制压力 P/kN
铅板	干面				
	粉面				
铝板	干面				
	粉面				
钢板	干面				
	粉面				

表 13-3　**异步轧件时的轧制压力实验数据表**（异步比 $i = 1.4$）

材　料	轧制摩擦状态	轧制前厚度 H/mm	轧制后厚度 h/mm	轧制变形量 $\Delta h = H - h$/mm	轧制压力 P/kN
铅板	干面				
	粉面				
铝板	干面				
	粉面				
钢板	干面				
	粉面				

表 13-4　**异步轧件时的轧制压力实验数据表**（异步比 $i = 1.6$）

材　料	轧制摩擦状态	轧制前厚度 H/mm	轧制后厚度 h/mm	轧制变形量 $\Delta h = H - h$/mm	轧制压力 P/kN
铅板	干面				
	粉面				
铝板	干面				
	粉面				

续表 13-4

材　料	轧制摩擦状态	轧制前厚度 H/mm	轧制后厚度 h/mm	轧制变形量 $\Delta h = H - h/mm$	轧制压力 P/kN
钢板	干面				
	粉面				

13.6　实验报告要求

（1）写出实验目的和要求。

（2）列出全部原始测试资料、实验数据表格和相应的关系图示。

（3）根据实验得出的数据作出曲线图，并回归出相应的数学表达式。

（4）根据上述表格中的实验数据，作出同步轧制时，轧制压力与轧件变形抗力 $[P = f(\sigma_s)]$、轧制压力与摩擦系数 $[P=f(f)]$、轧制压力与变形量 $[P=f(\Delta h)]$ 的关系曲线，并进行数学回归分析。

（5）根据上述表格中的实验数据，作出异步轧制不同异步比 $i = \dfrac{v_{快}}{v_{慢}}$ 时，轧制压力与轧件变形抗力 $[P=f(\sigma_s)]$、轧制压力与摩擦系数 $[P=f(f)]$、轧制压力与变形量 $[P=f(\Delta h)]$ 的关系曲线，并进行数学回归分析。

（6）根据上述表格中的实验数据，比较同步轧制和异步轧制时，轧制压力的变化关系，并进行分析。

（7）分析理论值与实测值的差异，并分析产生原因。

（8）分析实验过程存在的问题和解决这些问题的设想。

（9）列出组长、同组成员、分工情况、实验时间。

13.7　实验注意事项

（1）实验前必须预习实验报告和"金属压力加工原理"课程的相关内容，对需要记录哪些数据、观察哪些现象、预计有哪些实验结果等做到心中有数。

（2）实验前必须了解实验轧机的性能和相关的操作规程，能正确调整轧机和控制轧机的压下，特别注意安全操作。

（3）轧制实验时送试样必须用木棒，严禁用手送短试样。取试样必须在轧机出口侧。

思考与讨论

13-1　分析讨论影响轧制压力变化的因素。

13-2　与 А·И·采利柯夫轧制压力公式分析结果相比，分析讨论实测轧制压力数据变化规律。

13-3　与同步轧制压力实测数据相比，分析讨论异步轧制的轧制压力变化规律和原因。

实验 14　轧制过程中的弹塑性曲线建立的实验分析

14.1　实　验　目　的

在二辊或四辊冷轧机上，用固定轧机辊缝的轧板法，轧制宽度一定、厚度不同的铝板或钢板，由每一道次的实测轧制压力和对应的轧机弹性变形（辊缝弹跳值）变化关系，根据最小二乘原理回归出轧机的刚度系数，并确定相应的轧机弹性曲线。

固定轧件的来料厚度 H，对在不同的润滑条件下（如轧辊和轧件之间为干面、粉面和油面三种状态）、不同材料（如铅板、铝板和低碳钢三种材料）进行轧制，由每一道次的实测轧制压力和对应的轧出轧件厚度的关系，确定轧件的塑性曲线。在此基础上，确定轧制过程的弹塑性曲线。

通过本实验进一步加深学生对所学的轧机轧制过程中的弹性变形、轧件的塑性变形等理论的理解和认识。

通过本实验达到以下目的：

（1）分析考察轧机刚度系数的影响因素；

（2）分析考察轧制过程中摩擦系数对轧件塑性曲线的影响；

（3）分析考察不同材料对轧件塑性曲线的影响；

（4）分析考察轧制过程中摩擦条件对轧制压力的影响；

（5）分析考察轧件变形抗力对轧制压力的影响。

14.2　实　验　原　理

14.2.1　轧机的弹性曲线和刚度系数的确定

轧机的弹性曲线就是表示轧制压力与轧机弹性变形量的关系曲线。轧机弹性曲线的斜率即为轧机的刚度系数，以 K_m 表示，其物理意义是使轧机产生单位弹性变形所需施加的负荷量（单位为 kN/mm）。一般采用实测的方法来确定轧机的弹性曲线和刚度系数，实测的方法有轧板法和轧辊压靠法两种。

（1）轧板法。即在一定的原始辊缝 S_0 下，轧制不同厚度的坯料，测出轧制压力 P 和轧件的轧出厚度 h，将测出的轧制压力 P 作为纵坐标，轧出厚度 h 作为横坐标，作出实测数据的散点图，再根据最小二乘原理回归出轧机的刚度系数，并作出相应的轧机弹性曲线，如图 14-1 所示。

当轧辊相互压靠，空载辊缝为零时，弹性曲线通过坐标原点，但其线性段部分的延长线并不通过坐标原点。如果轧辊间存在间隙（辊缝），那么曲线将不从坐标原点开始，如

图 14-2 所示。这时轧出的轧件厚度为：

$$h = S + S_0 + \frac{P}{K_m} = S' + \frac{P}{K_m} \tag{14-1}$$

式中　S_0——曲线非线性段的辊缝值；

　　　S——轧辊辊缝。

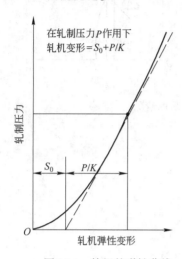

图 14-1　轧机的弹性曲线

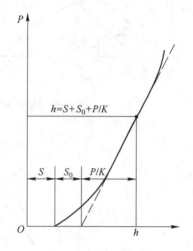

图 14-2　轧件尺寸在弹性曲线上的表示

（2）轧辊压靠法。轧板法测定在生产中不可能经常使用。压靠法则较方便，此法测定时轧辊间没有轧件，使轧辊一面空转一面让压下螺丝压下使工作辊压靠。当压靠后使压下螺丝继续压下，轧机便产生弹性变形。由轧辊压靠开始点到轧制力为 P_0 时的压下螺丝行程，即为此压力 P_0 作用下的轧机弹性变形，根据所测数据可绘出轧机的弹性曲线。

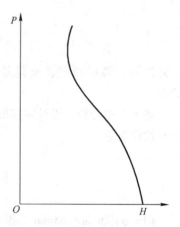

图 14-3　轧件的塑性曲线图

14.2.2　轧件的塑性曲线

在一定的轧制条件下，轧制压力与轧出轧件厚度关系的曲线称为塑性曲线，如图 14-3 所示，纵坐标表示轧制压力，横坐标表示轧件厚度。影响轧件塑性曲线主要有轧件的变形抗力、轧制过程中的摩擦系数、张力和轧件的轧前厚度等因素。凡是引起轧制压力增加的因素，均导致轧件塑性曲线变陡；凡是引起轧制压力减小的因素，均导致轧件塑性曲线变平坦，如图 14-4 所示。

14.2.3　轧制时的弹塑性曲线

把塑性曲线与弹性曲线画在同一个图上，这样的曲线图称为轧制时的弹塑性曲线，如图 14-5 所示。

通过弹塑性曲线可以分析轧制过程中造成厚差的各种原因，可以给出轧制过程中

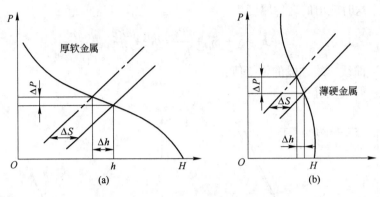

图 14-4　轧制软硬不同金属的情况

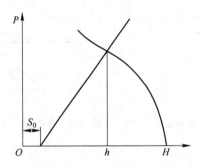

图 14-5　轧制时的弹塑性曲线

消除厚差的调整原则，也是给出了厚度自动控制的基础设计新颖轧机的理论指导基础等。

　　基于上述分析，设计本实验确定实验轧机的弹性曲线、轧件的塑性曲线和轧制过程的弹塑性曲线等。

14.3　实验材料和设备

　　（1）$\phi130\text{mm} \times 265\text{mm}$ 二辊实验轧机。

　　（2）千分尺、游标卡尺、钢皮尺、木棒。

　　（3）汽油、酒精、机油、粉笔、铁砂纸。

　　（4）轧件试样：材料为铅，$4.0\text{mm} \times 50\text{mm} \times 80\text{mm}$、$6.0\text{mm} \times 50\text{mm} \times 80\text{mm}$、$8.0\text{mm} \times 50\text{mm} \times 80\text{mm}$ 试样各 1 块，$10.0\text{mm} \times 50\text{mm} \times 80\text{mm}$ 试样 12 块；材料为铝，$4.0\text{mm} \times 50\text{mm} \times 80\text{mm}$、$6.0\text{mm} \times 50\text{mm} \times 80\text{mm}$、$8.0\text{mm} \times 50\text{mm} \times 80\text{mm}$ 试样各 1 块，$10.0\text{mm} \times 50\text{mm} \times 80\text{mm}$ 试样 12 块；材料为钢，$4.0\text{mm} \times 50\text{mm} \times 80\text{mm}$、$6.0\text{mm} \times 50\text{mm} \times 80\text{mm}$、$8.0\text{mm} \times 50\text{mm} \times 80\text{mm}$ 试样各 1 块，$10.0\text{mm} \times 50\text{mm} \times 80\text{mm}$ 试样 12 块。

　　（5）YD-21 型动态电阻应变仪、SC-16 光学示波仪、YE3818 应变放大器、INV306U 智能信号采集处理分析仪。

14.4 实验方法与步骤

（1）将试样去除毛边并打光，保证端面成直角，用汽油将试样表面油污擦干净。

（2）试样编号，测量试样尺寸并记录在表 14-1 和表 14-2 中。

（3）用干净的棉纱蘸汽油在轧机出口方向把轧辊表面全部擦干净。

（4）调整好轧机，使上下轧辊平行，根据轧制的实验要求将辊缝调整到所需高度。

（5）轧机的弹性曲线。

1）ϕ130mm×265mm 二辊实验轧机辊缝 S_0 = 1.5 ~ 2.0mm，辊缝左右调平衡；同时，轧制压力测试系统调零平衡，信号衰减调到适当值等。

2）厚度依次为 4.0mm、6.0mm、8.0mm 的铅板、铝板和钢板进行轧制，记录各道次的轧制压力和轧件的轧后厚度。

（6）轧件的塑性曲线。

1）在干面的摩擦条件下，厚度为 10.0mm 的铅板、铝板、钢板分别一道次轧到 8.0mm、6.0mm、4.0mm、2.0mm，依次记录各道次的轧制压力。

2）在粉面的摩擦条件下，厚度为 10.0mm 的铅板、铝板、钢板分别一道次轧到 8.0mm、6.0mm、4.0mm、2.0mm，依次记录各道次的轧制压力。

3）在油面的摩擦条件下，厚度为 10.0mm 的铅板、铝板、钢板分别一道次轧到 8.0mm、6.0mm、4.0mm、2.0mm，依次记录各道次的轧制压力。

（7）实验结束后，清理轧机辊面，整理实验工作台和实验工具等。

14.5 实验数据处理

实验数据填入表 14-1 和表 14-2 中。

表 14-1 轧机弹性曲线实验数据表

材 料	轧制前厚度 H/mm	轧制后厚度 h/mm	轧机弹性变形量 $\Delta S = h - S_0$ /mm	轧制压力 P/kN	轧机刚度系数 K/kN·mm^{-1}
铅板					
铝板					
钢板					

注：1. 画出相应的轧机弹性曲线。

2. 用最小二乘回归法确定轧制刚度系数 K。

表 14-2 轧件塑性曲线实验数据表

材 料	轧制摩擦状态	轧制前厚度 H/mm	轧制后厚度 h/mm	轧制变形量 $\Delta h = H - h$ /mm	轧制压力 P/kN
铅板	干面				

续表 14-2

材　料	轧制摩擦状态	轧制前厚度 H/mm	轧制后厚度 h/mm	轧制变形量 $\Delta h = H - h/\text{mm}$	轧制压力 P/kN
铅板	粉面				
	油面				
铝板	干面				
	粉面				
	油面				
钢板	干面				
	粉面				
	油面				

14.6　实验报告要求

（1）写出实验目的和要求。

（2）列出全部原始测试资料、实验数据表格和相应的关系图示。

（3）根据实验得出的数据作出曲线图，并回归出相应的数学表达式。

（4）作出不同材料的轧制压力与轧机弹性变形量的关系图：$P = f(\Delta S)$，并进行分析。

（5）用最小二乘回归法确定轧制的弹性曲线和计算出轧机的刚度系数 K。

（6）作出不同摩擦条件下轧制压力与轧件轧出厚度的关系图：$P = f(h)$，并进行分析。

（7）通过确定的轧机弹性曲线和轧件塑性曲线，确定轧制过程的弹塑性曲线。

（8）分析理论值与实测值的差异，并分析产生的原因。

（9）分析实验过程存在的问题和解决这些问题的设想。

（10）列出组长、同组成员、分工情况、实验时间。

14.7　实验注意事项

（1）实验前必须预习实验报告和"金属压力加工原理"课程的相关内容，对需要记录哪些数据、观察哪些现象、预计有哪些实验结果等做到心中有数。

（2）实验前必须了解实验轧机的性能和相关的操作规程，能正确调整轧机和控制轧机的压下，特别注意安全操作。

（3）轧制实验中送试样必须用木棒，严禁用手送短试样。取试样必须在轧机出口侧。

思考与讨论

14-1　分析讨论影响轧机刚度系数的因素。

14-2　分析讨论影响轧件塑性曲线的因素。

14-3　利用轧制弹塑性曲线分析讨论轧制工艺因素变化时的轧机调整方法。

实验 15　正向挤压金属流动和变形规律的实验分析

15.1　实验目的

挤压变形时，金属质点的流动状态与其所处的应力状态有关。在轴对称挤压的变形条件下，应力状态也是轴对称的，挤压制品应平稳流出，即在其他条件一定的情况下，挤压制品既不弯曲，也不扭转。当使用偏心模挤压时，由于应力状态的对称性在某一方位上被破坏，引起了金属的供应体积的改变，致使产生了不对称的金属流动和不相等的金属流动速度，所以，挤压制品出模孔时产生了弯曲。通过本实验进一步加深学生对所学挤压变形和金属的流动规律的理解和认识。

通过本实验达到以下目的：

（1）分析考察轴对称挤压时金属流动的规律；

（2）分析考察偏心模非对称挤压时金属流动的规律；

（3）分析考察轴对称挤压时金属流动区域的特性和产生原因；

（4）分析考察偏心模非对称挤压时金属流动区域的特性和产生原因；

（5）通过实验使学生了解模孔设计不当，可能引起金属出模孔时发生弯曲等的原因；

（6）掌握正向挤压时金属流动规律的一般测量方法。

15.2　实　验　原　理

研究金属在挤压时的塑性流动规律是非常重要的，因为挤压制品的组织性能、表面质量、形状尺寸和工模具的设计原则都与其密切相关。影响金属塑性流动的主要因素有金属材料的变形抗力、摩擦与润滑、温度、工模具的形状和结构、变形程度与变形速度等。

（1）挤压方法的影响。金属流动特点首先取决于所采用的挤压方法，方法不同，金属变形规律也不同。一般情况下，反挤比正挤金属流动均匀；润滑挤压比不润滑挤压金属流动均匀；冷挤压比热挤压金属流动均匀；有效摩擦挤压比其他挤压方法金属流动均匀。挤压方法对金属流动的影响主要通过改变接触摩擦条件实现。

（2）外摩擦条件的影响。接触摩擦力，特别是挤压筒壁相对于金属的摩擦力对金属流动的影响最大。有时它会对金属流动均匀性起不良作用，如正挤压过程；有时它可以对金属流动起积极作用，如有效摩擦挤压法的摩擦力可以作为推动力实现挤压过程。

（3）工具结构与形状的影响。与挤压件直接接触而产生影响的工具有挤压模、挤压筒和挤压垫三种，这些工具的结构和形状直接影响被挤压金属的流动。其中，挤压模的模角影响比较大，一般锥形模（模角小于 90°）比平模（模角等于 90°）有利于金属流动均匀。

（4）变形程度和变形速度的影响。一般来说，当其他条件相同时，大挤压比使变形程度增加，随着模孔的减小，外层金属向模孔中流动的阻力增大，使中心部位和表层部位的金属流动速度差增大，金属流动均匀性下降。但当变形程度增加到一定程度后，剪切变形深入内部，而开始向均匀方面流动转化。

（5）制品形状的影响。挤压件的断面对称性、宽高比、壁厚差异、比周长（周长与断面积之比，表示断面复杂程度的参数）均对金属流动均匀性产生影响。断面对称性差、宽高比大、壁厚差异大、比周长大的挤压件，挤压时的金属流动均匀性差。

（6）材质的影响。材质的影响主要体现在两个方面，一是金属的强度，二是变形条件下坯料的表面状态。其实质都是通过所受外摩擦影响的大小起作用。一般而言，强度高的金属比强度低的金属流动均匀，合金比纯金属挤压流动均匀。

（7）变形温度的影响。挤压温度影响比较复杂，主要通过以下几个方面对金属流动产生影响：1）坯料的温度分布；2）导热性；3）相的变化；4）摩擦条件。一般温度分布越均匀，越有利于金属均匀流动。

（8）金属力学性能的影响。金属强度对挤压流动的影响较大，高强度金属比低强度金属流动均匀；挤压合金比纯金属流动均匀；同一种金属，低温时强度高，其流动较为均匀。

研究挤压时金属流动的实验方法有多种，如坐标网格法、观察塑性法、金相法、光塑性法、莫尔条纹法、硬度法等。其中最常用的是坐标网格法，本实验将采用此种方法来研究挤压时金属的流动。

多数情况下，金属的塑性变形是不均匀的，但是可以将变形体分割成无数小的单元体，如果单元体足够小，则在小单元体内可以近似认为是均匀变形。这样，就可以借用均匀变形理论来解释不均匀变形过程，由此构建成坐标网格法的理论基础。网格原则上应尽可能小些，但考虑到单晶体的各向异性的影响，一般取边长为 5mm，深度为 1~2mm。

15.3　实验材料和设备

（1）2000kN 电液伺服万能试验机，如图 15-1 所示。
（2）挤压组合模具一套，如图 15-2 所示。

图 15-1　2000kN 电液伺服万能试验机

图 15-2　挤压组合模具

（3）偏心和对称挤压模各一个。

（4）游标卡尺、钢皮尺、划针。

（5）汽油、酒精、机油、粉笔、铁砂纸。

（6）挤压试样：材料为铅，φ31.5mm×75mm 组合圆锭试样各两块。

15.4　实验方法与步骤

（1）将试样去除毛边并打光，保证端面成直角，用汽油将试样表面油污擦干净。

（2）试样编号，测量试样尺寸并记录在表内。

（3）用干净的棉纱蘸汽油将试样表面擦干净，并在对称面上画边长为 5mm 网格，如图 15-3 所示。

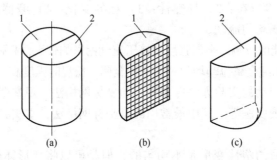

图 15-3　组合试样和网格划分示意图

（a）挤压复合圆柱试样；（b）挤压半圆柱试样 1；（c）挤压半圆柱试样 2

（4）装配好挤压模具，调整好压力机，调试好记录仪器等。

（5）对称挤压模挤压金属的流动情况。取一对称挤压模进行挤压，挤压行程约为锭坯长度的 80%，然后停机，取出试样，观察并记录试样对称面上的网格变化情况（见图 15-4），测量变形后的网格变化情况，并记录在表 15-1 中。同时将挤压时的挤压力测量值也记录在表 15-1 中。

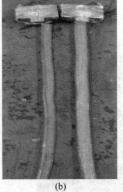

图 15-4　挤压前后的试样情况

（a）挤压前试样；（b）挤压后试样

（6）偏心非对称挤压模挤压金属流动的情况。取一非对称偏心挤压模进行挤压，挤压行程约为锭坯长度的 80%，然后停机，取出试样，观察并记录试样对称面上的网格变化情况，测量变形后的网格变化情况，并记录在表 15-2 中。同时将挤压时的挤压力测量值也记录在表 15-2 中。

（7）实验结束后，清理挤压组合模具，整理实验工作台和实验工具等。

15.5　实验数据处理

实验数据填入表 15-1 和表 15-2 中。

表 15-1　对称模挤压过程的试样网格情况测量记录表

网格号	模孔直径 /mm	模角	试样直径 /mm	挤压后 格长/mm	挤压后 格宽/mm	长度线 变形	宽度线 变形	挤压后 网格角度 变化	挤压力 /kN

表 15-2　非对称（偏心）模挤压过程的试样网格情况测量记录表

网格号	模孔直径 /mm	模角	试样直径 /mm	挤压后 格长/mm	挤压后 格宽/mm	长度线 变形	宽度线 变形	挤压后网格 角度变化	挤压力 /kN

15.6 实验报告要求

（1）写出实验目的和要求。

（2）列出全部原始测试资料、实验数据表格和相应的关系图示。

（3）由实验数据作出各断面上宽度方向线变形分布图，并进行分析。

（4）由实验数据作出各断面上单元网格角度变形分布图，并进行分析。

（5）分析对称与非对称（偏心）模挤压对金属流动的影响，并进行分析。

（6）作出挤压力与挤压行程的关系图 $[P = f(X_j)]$，并分析其变化的原因。

（7）分析实验过程存在的问题和解决这些问题的设想。

（8）列出组长、同组成员、分工情况、实验时间。

15.7 实验注意事项

（1）实验前必须预习实验报告和"金属压力加工原理"课程的相关内容，对需要记录哪些数据、观察哪些现象、预计有哪些实验结果等做到心中有数。

（2）实验前必须了解压力机的性能和相关的操作规程，能正确调整压力机和控制压力机的压下，特别要注意压力机的操作安全。

思考与讨论

15-1 分析讨论轴对称挤压过程中金属的流动规律。

15-2 分析讨论偏心模挤压时对金属流动的影响，并分析产生的后果和原因。

15-3 分析讨论变形区应力大小与金属供应体积的关系，以及对金属挤出制品的影响。

实验 16　金属正向挤压时的挤压力变化规律的实验分析

16.1　实　验　目　的

挤压变形时，挤压力的变化与金属质点的流动有关。在填充阶段，随着挤压轴行程的变化，金属质点呈轴向流动，挤压力逐渐增大。当金属填充满挤压筒后，挤压力达到最大值 P_{max}（通常计算的挤压力就是指这个最大挤压力）。随着挤压轴行程的进一步变化，挤压进入基本挤压阶段，金属质点呈纵向平稳流动，挤压力逐渐减小，直到进入终了挤压阶段，挤压力又开始增大，金属又进入紊流阶段。所以，通过对挤压力的实验研究，可以了解金属的流动情况，分析挤压力变化对金属制品的组织和性能的影响。通过本实验进一步加深学生对所学挤压力与挤压行程变化的规律和金属流动的理解和认识。

通过本实验达到以下目的：

（1）分析考察轴对称挤压时挤压力的变化规律；

（2）分析考察偏心模非对称挤压时挤压力的变化规律；

（3）分析考察影响挤压力的因素；

（4）掌握挤压时挤压力的一般测量方法。

16.2　实　验　原　理

研究金属在挤压时挤压力的变化规律是非常重要的，因为挤压制品的组织性能、表面质量、形状尺寸和工模具的设计原则都与其密切相关。挤压力 P 与挤压轴的行程 X_j 的关系如图16-1 所示。

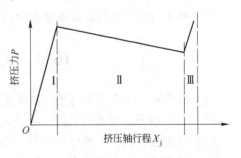

图 16-1　挤压力随着挤压轴行程变化

影响挤压力主要有金属材料的变形抗力、摩擦与润滑、温度、工模具的形状和结构、变形程度与变形速度等因素。

（1）挤压温度的影响。挤压温度通过金属变形抗力来影响挤压力，一般而言，挤压温度高，变形抗力降低，挤压力呈非线性下降。

（2）坯料长度的影响。坯料长度对挤压力的影响是通过坯料与挤压筒内壁间摩擦阻力而产生作用的。不同的挤压方式，摩擦状态不同。正向挤压时，稳定挤压阶段的坯料与筒壁间存在很大的摩擦力，坯料长度对挤压力的影响很大，坯料越长，挤压力越大。反向挤压时，塑性变形区集中在模孔附近，坯料长度对挤压力几乎没有影响。

（3）变形程度的影响。挤压力与变形程度（挤压比）成正比，随着变形程度增大，挤压力正比上升。

（4）挤压速度的影响。挤压速度对挤压力的影响也是通过变形抗力起作用的。冷挤压时，变形速度对挤压力的影响较小。热挤压时，变形速度对挤压力的影响规律与变形速度对金属变形抗力的影响规律相似。

（5）模角的影响。锥形模角所需挤压力小于平面模。这是因为模角越大，金属流动越不均匀，金属变形功增大，挤压力增高，但很小的模角又将导致接触摩擦功大大增加。可使挤压力取得最小值的模角为最佳模角 α_{opt}，通常 $\alpha_{opt} = 45° \sim 60°$（视挤压比与摩擦条件而变动）。

（6）摩擦的影响。金属与工模具之间的摩擦是造成金属不均匀流动的重要因素，摩擦系数小，金属流动较为均匀，同时使摩擦功变小，挤压力降低。

（7）其他因素的影响。多孔模挤压时，当模孔总面积相同而模孔数不同时，模孔对称分布的挤压力小于非对称分布模孔的挤压力。当采用润滑剂进行挤压时，可降低挤压力30%～40%。产品形状越复杂、对称性越差、型材的宽厚比越大、原料直径越大、原料长度越长，挤压力越大。采用反挤法可比正挤降低挤压力约 30%。

基于上述分析，设计本实验进一步分析论证影响挤压力的因素和变化规律。

16.3　实验材料和设备

（1）200t 油压试验机。
（2）挤压组合模具一套。
（3）不同模孔直径的挤压偏心模和对称模各一组。
（4）游标卡尺、钢皮尺、划针。
（5）汽油、酒精、机油、粉笔、铁砂纸。
（6）挤压试样：材料为铅，$\phi31.5mm \times 75mm$ 圆锭试样 6 块。
（7）挤压力的智能信号采集处理分析系统。

16.4　实验方法与步骤

（1）将试样去除毛边并打光，保证端面成直角，用汽油将试样表面油污擦干净。
（2）试样编号，并测量试样尺寸记录在表内。
（3）装配好模具，调整好压力机，调试好记录仪器等。
（4）对称挤压模挤压时挤压力的情况。取一对称挤压模进行挤压，挤压行程约为锭坯长度的80%，然后停机，取出试样，观察试样变化情况，并记录在表 16-1 中。同时将挤压时的挤压力测量值也记录在表 16-1 中。
（5）偏心非对称挤压模挤压时挤压力的情况。取一非对称偏心挤压模进行挤压，挤压行程约为锭坯长度的80%，然后停机，取出试样，观察试样变化情况，并记录在表 16-1 中。同时将挤压时的挤压力测量值也记录在表 16-1 中。
（6）实验结束后，清理挤压组合模具，整理实验工作台和实验工具等。

16.5　实验数据处理

实验数据填入表 16-1 中。

表 16-1　对称模和非对称模挤压时挤压力情况测量记录表

试　验	试样编号	模孔直径 /mm	模角 α / (°)	挤压筒的 直径/mm	试样直径 /mm	试样长度 /mm	挤压比 λ	挤压力/kN
对称模								
非对称模								

16.6　实验报告要求

（1）写出实验目的和要求。

（2）列出全部原始测试资料、实验数据表格和相应的关系图示。

（3）根据实验得出的数据作出曲线图，并回归出相应的数学表达式。

（4）由实验数据作出对称模挤压力与挤压轴行程的关系图，并进行分析。

（5）由实验数据作出非对称模挤压力与挤压轴行程的关系图，并进行分析。

（6）分析挤压比对挤压力的影响。

（7）分析对称模与非对称模对挤压力的影响。

（8）分析实验过程存在的问题和解决这些问题的设想。

（9）列出组长、同组成员、分工情况、实验时间。

16.7　实验注意事项

（1）实验前必须预习实验报告和"金属压力加工原理"课程的相关内容，对需要记录哪些数据、观察哪些现象、预计有哪些实验结果等做到心中有数。

（2）实验前必须了解压力机的性能和相关的操作规程，能正确调整压力机和控制压力机的压下，特别要注意压力机的操作安全。

思考与讨论

16-1　分析讨论挤压力与挤压轴行程的关系和原因。

16-2　分析讨论挤压比对挤压力的影响。

16-3　分析讨论对称模和非对称模挤压对挤压力的影响。

实验 17　拉伸变形时金属拉拔力变化规律的实验分析

17.1　实　验　目　的

拉伸变形时，金属拉拔力受到很多因素的影响。金属拉拔过程中拉拔力既要保证金属在拉拔模中发生塑性变形，又要防止金属在出了拉拔模后产生塑性变形，确保金属拉拔过程稳定进行。因此，对拉拔力的理论分析与实验研究是十分重要的。通过对拉拔力的实验研究，可以了解影响拉拔力的因素、拉拔力的变化规律和与金属的流动的关系等。通过本实验进一步加深学生对所学拉拔力理论分析的理解和认识。

通过本实验达到以下目的：

（1）分析考察轴对称拉拔时的拉拔力影响因素；

（2）分析考察金属材料加工硬化对拉拔过程的影响；

（3）掌握拉拔时拉拔力的一般测量方法。

17.2　实　验　原　理

拉拔过程中作用在模孔出口端的变形金属上的外力称为拉拔力。拉拔力有总拉拔力 P、平均单位拔制力（拉拔力与拉拔后材料的断面积之比 $\sigma_z = P/F$，也称为拉拔应力）、相对单位拔制力 $\bar{p}/\sigma_s$ 三种表示方法。

17.2.1　拉伸变形的表示方法

拉拔变形量的主要表示方法为：以 F_Q、L_Q 表示拉拔前金属坯料的断面积及长度，以 F_H、L_H 表示拉拔后金属制品的断面积及长度。根据体积不变条件，可以得到主要变形指数和它们之间的关系式。

（1）延伸系数 λ：表示拉拔一道次后金属材料长度增加的倍数或拉拔前后横断面的面积之比，即

$$\lambda = L_H/L_Q = F_Q/F_H \tag{17-1}$$

（2）相对加工率（断面减缩率）ε：表示拉拔一道次后金属材料横断面积缩小值与其原始值之比，即

$$\varepsilon = (F_Q - F_H)/F_Q \tag{17-2}$$

ε 通常以百分数表示。

（3）相对伸长率 μ：表示拉拔一道次后金属材料长度增量与原始长度之比，即

$$\mu = (L_{\mathrm{H}} - L_{\mathrm{Q}})/L_{\mathrm{Q}} \qquad (17\text{-}3)$$

μ 通常也以百分数表示。

（4）积分（对数）延伸系数 i：这一指数等于拉拔道次前后金属材料横断面积之比的自然对数，即

$$i = \ln(F_{\mathrm{Q}}/F_{\mathrm{H}}) = \ln\lambda \qquad (17\text{-}4)$$

17.2.2　影响拉拔力的因素

（1）被加工金属的性质对拉拔力的影响。拉拔力与被拉拔金属的抗拉强度呈线性关系，抗拉强度越高，拉拔力越大。图 17-1 所示为直径由 2.02mm 拉到 1.64mm，即以 34%的断面减缩率拉拔各种金属圆线时所存在的关系。

（2）变形程度对拉拔力的影响。拉拔应力与变形程度成正比，如图 17-2 所示，随着断面减缩率的增加，变形能耗增加，拉拔应力增大。

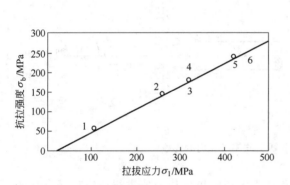

图 17-1　金属抗拉强度与拉拔应力之间的关系

1—铝；2—铜；3—青铜；4—H70；

5—含 97%铜和 3%镍的合金；6—B20

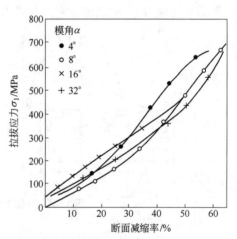

图 17-2　拉拔黄铜线时拉拔应力与

断面减缩率的关系

（3）模角对拉拔力的影响。拉拔模的模角 α 对拉拔力的影响如图 17-3 所示。由图可见，随着模角 α 增大，拉拔应力发生变化，并且存在一个最小值，其相应的模角称为最佳模角。由图还可以看出，随着变形程度增加，最佳模角 α 值逐渐增大。有关模角 α 对拉拔力的影响可以作如下解释：模角 α 过小，坯料与模壁的接触面积增大，导致拉拔过程中摩擦功耗增加，使拉拔力增加；模角 α 过大，金属在变形区中的流线急剧转弯，导致"二次折弯"引起的附加剪切变形

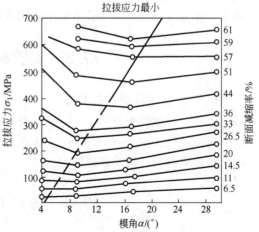

图 17-3　拉拔应力与模角 α 之间的关系

功耗增加，使拉拔力增加。因此，在一定的拉拔工艺条件下，存在最佳模角，使拉拔力取最小值。

（4）拉拔速度对拉拔力的影响。在低速（5m/min 以下）拉拔时，拉拔应力随拉拔速度的增加而有所增加。当拉拔速度增加到 6~50m/min 时，拉拔应力下降，继续增加拉拔速度而拉拔应力变化不大。拉拔速度对拉拔力的影响可以作如下解释：当拉拔速度比较小时，拉拔速度增加，变形速度增加，则单位时间内的变形程度增加，金属材料加工硬化程度增加，拉拔力随之增大；当拉拔速度比较大时，拉拔速度增加，变形热效应增加，它使金属的变形抗力下降而抵消拉拔过程中金属材料的加工硬化，从而使拉拔力增加趋缓甚至有所下降。

（5）摩擦与润滑对拉拔力的影响。拉拔过程中，金属与工具之间的摩擦系数大小对拉拔力有着很大的影响。凡减小摩擦力的因素，均使拉拔力降低。

（6）反拉力对拉拔力的影响。反拉力对拉拔力的影响如图 17-4 所示。随着反拉力 Q 值的增加，模具所受到的压力 M_q 近似直线下降，拉拔力 P_1 逐渐增加。但是，在反拉力达到临界反拉力 Q_c 值之前，它对拉拔力并无影响。

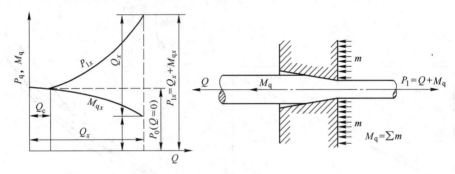

图 17-4　反拉力对拉拔力与模子压力的影响

因此，不论在什么情况下，采用反拉力 Q 不大于临界反拉力值进行拉拔都是有利的，因为这时拉拔力不增大，但同时模孔的磨损却减小。采用反拉力 Q 大于临界反拉力值是不合适的，因为此时拉拔力和拉拔应力都增大，从而可能有必要减小道次延伸系数，并且相应地增多变形次数。

基于上述分析，设计本实验进一步确定影响拉拔力的因素。

17.3　实验材料和设备

（1）设备：60t 万能材料试验机。
（2）工具：拉伸模架一只，不同模孔直径的拉伸模一组，千分卡尺一把，秒表一只。
（3）拉拔坯料：ϕ3.0mm 铝线坯（M 态），ϕ3.0mm 铜线坯（M 态）。
（4）拉拔润滑剂：机油和蓖麻油。

17.4　实验方法与步骤

（1）测量拉拔坯料直径：取三次测量的平均值 D_0。

（2）装模架：固定上机头后装拉伸模架，将浸有规定润滑油的料头插入模孔内以保证模润滑，将其放到模架上，注意对中，松开上机头，快速提升下机头，用下钳口钳住料末。

（3）规定速度拉伸，记录稳定时的拉拔力 P，应注意模子喇叭口内的油量，并观察即将全部拉出模孔时的拉拔力变化情况。

（4）待试样全部拉完后，停机，取出线材。

（5）测量拉拔后线材直径，测量三次，取平均值 D_1。

（6）按实验步骤（1）~（5）将各坯料依次拉过不同模孔直径的模子，直至拉拔时，制品断头为止。

（7）取下模架，换上机头的钳口。

（8）将实验测量数据分别记录到表 17-1 和表 17-2 中。

（9）实验结束后，清理拉伸模架模具，整理实验工作台和实验工具等。

17.5　实验数据处理

实验数据填入表 17-1 和表 17-2 中。

表 17-1　拉拔力实验数据记录表（实验材料为铝线材）

试样序号		1	2	3	4	5	6
拉伸前线坯尺寸	D_0 /mm						
	F_0/ mm^2						
拉伸后线材尺寸	D_1 /mm						
	F_1/ mm^2						
道次延伸系数 λ							
拉拔力 P/ kN							
拉拔应力 σ_z /MPa							
拉断后尺寸	D_b/mm						
	F_b/mm^2						
拉断力 P_b/kN							
拉伸强度 σ_b/MPa							

注：拉拔材料为 ϕ3.0mm 铝线坯（M 态），润滑剂为机油或蓖麻油。

表 17-2　拉拔力实验数据记录表（实验材料为铜线材）

试样序号		1	2	3	4	5	6
拉伸前线坯尺寸	D_0 /mm						
	F_0/ mm^2						
拉伸后线材尺寸	D_1 /mm						
	F_1/ mm^2						
道次延伸系数 λ							

续表 17-2

试样序号		1	2	3	4	5	6
拉拔力 P/kN							
拉拔应力 σ_z/MPa							
拉断后尺寸	D_b/mm						
	F_b/mm^2						
拉断力 P_b/kN							
拉伸强度 σ_b/MPa							

注：拉拔材料为 ϕ3.0mm 铜线坯（M 态），润滑剂为机油或蓖麻油。

17.6　实验报告要求

（1）写出实验目的和要求。

（2）列出全部原始测试资料、实验数据表格和相应的关系图示。

（3）根据实验得出的数据作出曲线图，并回归出相应的数学表达式。

（4）由实验数据作出拉拔力与拉拔变形量的关系图，并进行数学回归分析。

（5）由实验数据作出拉拔力与拉拔润滑条件的关系图，并进行数学回归分析。

（6）分析实验过程存在的问题和解决这些问题的设想。

（7）列出组长、同组成员、分工情况、实验时间。

17.7　实验注意事项

（1）实验前必须预习实验报告和"金属压力加工原理"课程的相关内容，对需要记录哪些数据、观察哪些现象、预计有哪些实验结果等做到心中有数。

（2）实验前必须了解万能试验机的性能和相关的操作规程，能正确调整万能试验机和控制万能试验机的拉升过程，特别要注意万能试验机操作安全。

思考与讨论

17-1　分析讨论影响拉拔力的因素。

17-2　分析讨论金属材料加工硬化对拉拔过程的影响。

17-3　分析讨论拉拔过程中润滑条件对拉拔力的影响。

实验 18　金属拔制时安全系数确定的实验分析

18.1　实 验 目 的

与挤压、轧制、锻造等加工过程不同，拉拔过程是借助在被加工的金属前端施以拉力实现的，此拉力称为拉拔力。拉拔力与被拉金属出模口处的横断面积之比称为单位拉拔力，即拉拔应力。实际上拉拔应力就是变形区末端的纵向应力。为确保拉拔过程能顺利进行，拉拔应力应小于金属出模口的屈服强度。如果拉拔应力过大，超过金属出模口的屈服强度，则可引起制品出现细颈，甚至拉断。因此，在确定拉拔工艺参数、设计拉拔模和配模时，确定合理的安全系数是至关重要的。本实验通过测定拉线时的安全系数 K 值来了解求安全系数的方法。通过本实验进一步加深学生对所学拉拔安全系数的理解和认识。

通过本实验达到以下目的：

（1）分析考察线材拉拔时影响安全系数的因素；

（2）掌握线材拉拔时安全系数的一般测量计算方法。

18.2　实 验 原 理

拉拔应力应小于金属出模口的屈服强度。如果拉拔应力过大，超过金属出模口的屈服强度，则可引起制品出现细颈，甚至拉断。因此，拉拔时一定要遵守下列条件：

$$\sigma_1 = \frac{P_1}{F_1} < \sigma_s \qquad (18\text{-}1)$$

式中　σ_1——作用在被拉金属出模口横断面上的拉拔应力；

P_1——拉拔力；

F_1——被拉金属出模口横断面积；

σ_s——金属出模口后的变形抗力。

对有色金属来说，由于变形抗力 σ_s 不明显，加之金属在加工硬化后，σ_s 与其抗拉强度 σ_b 相近，故也可表示为 $\sigma_1 < \sigma_b$。

被拉金属出模口的抗拉强度 σ_b 与拉拔应力 σ_1 之比称为安全系数 K，即

$$K = \frac{\sigma_b}{\sigma_1} \qquad (18\text{-}2)$$

所以，实现拉拔过程的基本条件是 $K>1$，安全系数与被拉金属的直径、状态（退火或硬化）以及变形条件（温度、速度、反拉力等）有关。一般 K 在 1.40~2.00 之间，即 $\sigma_1 = (0.7 \sim 0.5)\sigma_b$；如果 $K<1.4$，则由于加工率过大，可能出现断头、拉断；当 $K>2.0$ 时，则表示道次加工率不够大，未能充分利用金属的塑性。制品直径越小，

壁厚越薄，K 值应越大些。这是因为随着制品直径的减小，壁厚的变薄，被拉金属对表面微裂纹和其他缺陷以及设备的振动，还有速度的突变等因素的敏感性增加，因而 K 值相应增加。

安全系数 K 与制品品种、直径的关系见表 18-1～表 18-3。

表 18-1　有色金属拉线时的安全系数

拉拔制品的品种与规格	厚壁管材、型材及棒材	薄壁管材和型材	不同直径的线材				
			>1.0mm	1.0～0.4mm	0.4～0.1mm	0.10～0.05mm	0.05～0.015mm
安全系数 K	>1.35～1.4	1.6	≥1.4	≥1.5	≥1.6	≥1.8	≥2.0

表 18-2　铜及铜合金拉伸安全系数 K 取值范围

产品品种类型		K
黄铜管	HSn70-1	1.10～1.35
	HAl77-2	1.10～1.25
	H68	1.10～1.55
	H62	1.25～1.55
白铜管		1.15～1.40

表 18-3　铝及铝合金拉伸安全系数 K 取值范围

产品品种类型		K
管材		1.4～1.5
线材	$\phi16.00～4.50$mm	1.3～2.0
	$\phi4.49～1.00$mm	1.4～2.1
	$\phi0.99～0.40$mm	1.6～2.4
	$\phi0.39～0.10$mm	1.8～2.7

对钢材来说，变形抗力 σ_s 的确定也不很方便，σ_s 是变量，它取决于变形的大小。一般来说，习惯采用拉拔钢材头部的断面强度（即拉拔前材料的强度极限）确定拉拔必要条件较为方便。实际上拉拔条件的破坏主要是断头的问题。因此，在配模计算时拉拔应力 σ_1 的确定，主要根据实际经验取 $\sigma_1<(0.8\sim0.9)\sigma_b$，安全系数 $K>1.1\sim1.25$。

进行拉拔配模设计时，应考虑以下三点：

（1）拉拔力不能超过设备能力；

（2）充分利用金属塑性，即减小拉伸道次；

（3）拉拔出口处拉拔应力 σ_z 应比实验材料的 σ_s（σ_b）小，即不断头。

基于上述分析，设计本实验，以进一步认识拉拔安全系数的确定和计算方法。

18.3　实验材料和设备

（1）设备：60t 万能材料试验机。

（2）工具：拉伸模架一只，拉伸模一套，千分卡尺一把，秒表一只，钢丝一把。

（3）坯料：$\phi 3.0mm$ 铝线坯（M 态），$\phi 3.0mm$ 铜线坯（M 态）。

（4）润滑剂：机油和蓖麻油。

18.4　实验方法与步骤

（1）实验条件见表 18-4。

表 18-4　拉拔安全系数实验条件

拉伸条件	实验分组					
	一	二	三	四	五	六
拉伸速度 /mm·min^{-1}	60	88	60	88	60	88
润滑条件	机　油				蓖麻油	
实验材料	铜		铝		铝	

（2）测量拉拔坯料直径：取三次测量的平均值 D_0。

（3）装模架：固定上机头后装拉伸模架，将浸有规定润滑油的料头插入模孔内以保证模润滑，将其放到模架上，注意对中，松开上机头，快速提升下机头，用下钳口钳住料末。

（4）规定速度拉伸，记录稳定时的拉伸力 P_1，应注意模子喇叭口内的油量，并观察即将全部拉出模孔时的拉伸力变化情况。

（5）待试样全部拉完后，停机，取出线材。

（6）测量拉拔后线材直径，测量三次，取平均值 D_1。

（7）按实验步骤（1）~（5）将各坯料依次拉过不同模孔直径的模子，直至拉拔时，制品断头为止。

（8）取下模架，换上机头的钳口。

（9）将实验测量数据分别记录到表 18-5 和表 18-6 中。

（10）拉力试验。

1）将拉伸后的线材依次剪去夹头和不规则尾部，进行拉力试验，至拉断为止，记录此时的拉断值 P_b。

2）测量缩颈处的线材直径，填入表 18-5 和表 18-6 中。

3）按表 18-5 计算 σ_z、σ_b 和安全系数 K。

（11）实验结束后，清理拉伸模架模具，整理实验工作台和实验工具等。

18.5　实验数据处理

实验数据填入表 18-5 和表 18-6 中。

表 18-5 拉拔安全系数实验记录表 (实验材料为铝线材)

		序 号				
拉伸实验部分	拉伸前线坯尺寸	D_0/ mm				
		F_0/ mm²				
	拉伸后线材尺寸	D_1/ mm				
		F_1/ mm²				
	道次延伸系数 λ					
	拉伸力 P_1/ kN					
	拉伸应力 σ_z/MPa					
拉力实验部分	拉断后尺寸	D_b/mm				
		F_b/mm²				
	拉断力 P_b/kN					
	拉伸强度 σ_b/MPa					
结论部分	安全系数 K					
	拉伸配模采用的 λ					

注: 1. 拉拔材料为 ϕ3.0mm 铝线坯 (M态), 润滑剂为机油或蓖麻油;

    2. $\lambda = \dfrac{F_0}{F_1}$, $\sigma_z = \dfrac{P_1}{F_1}$, $\sigma_b = \dfrac{P_b}{F_b}$, $K = \dfrac{\sigma_b}{\sigma_z}$;

    3. $K = 1.4 \sim 2.0$。

表 18-6 拉拔安全系数实验记录表 (实验材料为铜线材)

		序 号				
拉伸实验部分	拉伸前线坯尺寸	D_0/ mm				
		F_0/ mm²				
	拉伸后线材尺寸	D_1/ mm				
		F_1/ mm²				
	道次延伸系数 λ					
	拉伸力 P_1/ kN					
	拉伸应力 σ_z/MPa					
拉力实验部分	拉断后尺寸	D_b/mm				
		F_b/mm²				
	拉断力 P_b/kN					
	拉伸强度 σ_b/MPa					
结论部分	安全系数 K					
	拉伸配模采用的 λ					

注: 1. 拉拔材料为 ϕ3.0mm 铜线坯 (M态), 润滑剂为机油或蓖麻油;

    2. $\lambda = \dfrac{F_0}{F_1}$, $\sigma_z = \dfrac{P_1}{F_1}$, $\sigma_b = \dfrac{P_b}{F_b}$, $K = \dfrac{\sigma_b}{\sigma_z}$;

    3. $K = 1.4 \sim 2.0$。

18.6 实验报告要求

(1) 写出实验目的和要求。

（2）列出全部原始测试资料、实验数据表格和相应的关系图示。

（3）按表 18-5 和表 18-6 形式计算整理实验数据，确定拉伸安全系数 K，并进行分析。

（4）确定拉伸配模设计中安全系数的校核。

（5）分析实验过程存在的问题和解决这些问题的设想。

（6）列出组长、同组成员、分工情况、实验时间。

18.7　实验注意事项

（1）实验前必须预习实验报告和"金属压力加工原理"课程的相关内容，对需要记录哪些数据、观察哪些现象、预计有哪些实验结果等做到心中有数。

（2）实验前必须了解万能试验机的性能和相关的操作规程，能正确调整万能试验机和控制万能试验机的拉升过程，特别要注意万能试验机操作安全。

思考与讨论

18-1　分析讨论线材拉拔时影响安全系数的因素。

18-2　分析讨论线材拉拔时安全系数的合理确定范围和配模设计原则。

第4篇 金属压力加工工艺实验

金属压力加工工艺实验共有 21 项，其内容侧重于现有金属塑性成形加工中较为典型或有重要作用的工艺过程。实验过程重在讨论金属材料塑性加工工艺与材料加工性能、设备的关联性和可行性问题，实验内容包括板带材、管材和型线材轧制成形过程中的金属流动规律、力学特性、质量控制和分析、工艺制度制定和设备操作，以及成形过程计算仿真技术等。本系列工艺实验针对金属压力加工工艺学授课内容而设计，教师可结合授课内容对本系列实验加以选择。通过本系列工艺实验，使学生对金属压力加工原理的应用、工艺制度的合理制定、不同工艺制度对成形过程的影响有深入的了解。本系列实验的开设本着实用、精简的原则，学生应结合金属塑性成形理论、金属压力加工原理以及金属压力加工工艺学等课程的相关知识，自行设计或选择工艺制度并进行设备和仪器的实际操作，独立完成实验方案的制定和相应的实验结果分析。

实验 19 板带最小可轧厚度实验

19.1 实 验 目 的

（1）通过本实验，分析冷轧板带材时影响最小可轧厚度的多种因素及其影响规律。

（2）熟悉最小可轧厚度的工艺措施和分析方法，能够利用影响因素的基本规律来有效控制冷轧板带材的最小可轧厚度，从而应用于实际生产过程中的轧机能力发挥和优化工艺制度的制定。

（3）掌握冷轧机和相关仪器的操作方法。

19.2 实 验 原 理

在一定轧机上冷轧某种产品时，随着带钢变薄，压下越来越困难，当带钢厚度达到某一限度后，不管如何加大压下，不管轧制多少道次，也不可能使带钢变薄，这时带钢的极限厚度称为最小可轧厚度。

由金属成形原理及塑性加工工艺学可知，金属材料在轧制过程中的变形量受到多种因素影响，其最小轧制厚度受到多种因素的限制，其中包括轧件的加工硬化率、轧机的刚度、轧辊的工作直径、润滑条件、张力、轧机形式等。各种因素对最小可轧厚度的影响规律大不相同，但有其基本规律，例如加工硬化率高的材料，显然其加工的最小厚度较大，需要通过其他措施，如再结晶退火处理、加大张力轧制、改善润滑条件等来进一步获得较小的厚度。

最小可轧厚度公式由 M. D. Stone 平均单位压力公式及 Hitchcock 弹性压扁公式联立求得，其结果为：

$$h_{\min} = \frac{3.58DfK}{E} \qquad (19-1)$$

式中　　D——工作辊直径，mm；

　　　　f——轧辊与轧件间的摩擦系数；

　　　　K——平面变形抗力，MPa；

　　　　E——轧辊的弹性模量，MPa。

最小可轧厚度是说明轧机极限轧制条件的一个参数。它为轧机设计、轧辊直径的选择、轧件可轧厚度的选择等提供依据。最小可轧厚度无论在理论上，还是在生产实际中都是客观存在的一种现象。从技术上要求，轧件在轧制过程中应产生尽可能大的塑性变形，而与此同时轧辊、机架等应产生尽可能小的弹性变形。因此，生产中力争减小轧机最小可轧厚度乃是生产者的任务之一。

本实验对同种试样采用不同轧制工艺制度进行冷状态轧制变形，观察其最小可轧厚度的差别，并分析影响因素。

19.3　实验材料和设备

本实验所用的材料和设备见表 19-1。

表 19-1　本实验的实验材料和设备

实　验　材　料		实验设备名称及数量	
试样材质及制备	润滑剂	φ130mm 二辊实验轧机	游标卡尺
Q235、10 号、20 号钢退火状态板带材，裁剪成一致的适当规格	具有一定润滑性质的机油	1 台/组	1 把/组
每种材质两个试样/每组			

19.4　实验方法与步骤

本实验的方法为：在指定的轧机和试样条件下，按常规轧制法反复轧制试样，测定轧机的最小可轧厚度，并采用不同的轧制润滑条件来改善轧机的最小可轧厚度。

实验步骤如下：

（1）以实验小组为单位，根据所给定的试样，预先制定不同的轧制工艺制度，如冷轧总压下量、轧制道次、各道次压下量、轧制速度、润滑条件；

（2）试样编号、测量试样尺寸，做记录；

116

（3）对三种板带材试样，按照不同的既定工艺参数进行冷状态轧制；

（4）对上述各种材料轧制过程中的变形情况、各道轧后尺寸加以记录；

（5）观察不同工艺制度下各轧件的最小轧制厚度的差异和变化；

（6）分析不同规程下最小终轧厚度与工艺规程的关系；

（7）实验结束后，清理轧机辊面，整理实验工作台和实验工具等。

19.5　实验数据处理

实验数据填入表 19-2 和表 19-3 中。

表 19-2　最小可轧厚度实验数据记录表（干摩擦条件）

道 次	轧前尺寸/mm		轧后尺寸/mm		道次压下率/%	E	f
	H	B	h	b			
1							
2							
3							
4							
5							
6							
7							
8							
⋮							

表 19-3　最小可轧厚度实验数据记录表（采用润滑剂）

道 次	轧前尺寸/mm		轧后尺寸/mm		道次压下率/%	E	f
	H	B	h	b			
1							
2							
3							
4							
5							
6							
7							
8							
⋮							

19.6　实验报告要求

（1）预先制定轧制压下制度和实验方案。

（2）写出实验目的和要求。

（3）完整地描述实验过程，并对三种试样在不同规程和工艺条件下的仪器设备的实际操作过程及原始实验数据做记录。

（4）分析实验结果。

（5）分析实验过程存在的问题和解决这些问题的设想。

（6）按本院校对实验报告的规定格式和装订要求进行书写和整理。

19.7　实验注意事项

（1）实验前必须预习实验报告和"金属压力加工工艺学"课程的相关内容，对需要记录哪些数据、观察哪些现象、预计有哪些实验结果等必须做到心中有数。

（2）实验前必须了解实验轧机的性能和相关的操作规程，能正确调整轧机和控制轧机的压下等，特别要注意安全操作。

（3）轧制过程中送试样必须用木棒，严禁用手送短试样。取试样必须在轧机出口侧。

思考与讨论

19-1　冷轧最小可轧厚度的实际意义是什么？

19-2　由表 19-2 和表 19-3 的实验数据确定实测的最小可轧厚度，按式（19-1）理论计算轧机最小可轧厚度值和二者误差率。分析计算值与实测值为什么会存在差异。

19-3　本实验还存在哪些未考虑因素？

实验 20   冷轧压下规程实验

20.1   实 验 目 的

（1）掌握冷轧压下规程制定的基本方法。

（2）掌握冷轧板带材的仪器设备操作方法。

（3）了解冷轧压下规程最优化的限制条件和数学模型建立所应当考虑的因素和前提。

（4）分析冷轧压下规程与轧制速度规程、张力制度等工艺制度之间的关系。

（5）要求学生预习实验指导书，按照分组情况，对本实验中的每个步骤和过程进行操作和记录，注意不同压下规程的合理制定和设备的认真操作，同时对不同压下规程下所获得的力能参数进行记录，得出分析结论。

20.2   实 验 原 理

板带钢冷轧压下规程是板带轧制工艺制度的核心内容，它直接关系着轧机的产能和产品的质量。压下规程的中心内容就是要确定由一定的板坯轧成所要求的板带的变形制度，即确定所采用的轧程数、轧制道次及每道压下量的大小，在操作上就是要确定各道次压下螺丝的升降位置（即轧辊之间辊缝的大小）。广义地说，规程本身还涉及各道次的轧制速度、前后张力制度的确定及原料尺寸的合理选择。

制定压下规程的方法很多，一般可概括为理论方法和经验方法两大类。理论方法就是从充分满足制定轧制规程的原则要求出发，按预设的条件，通过理论计算或图表方法求得最佳轧制规程。这是理想的和科学的方法。但是在实际生产中由于变化的因素太多，故虽事先按理论计算确定了压下规程，而实际上往往并不可能实时实现。因此理论方法是多道次冷轧规程优化的基本前提。能耗最低法是常用的压下规程制定方法，其原理是通过不同的道次压下的组合，使得轧制总能耗最低，这当然是理想的和科学的方法。因而在人工操作时就按照实际变化的具体情况，由操作人员凭经验随机应变地处理。只有在全面计算机控制的现代化轧机上，才有可能根据具体变化的情况，对轧制规程进行在线计算控制。

由于在人工操作的条件下，理论计算方法比较复杂而用处又不大，故生产中往往参照现有类似轧机行之有效的实际压下规程，即根据经验资料进行压下分配及校核计算，这就是经验的方法。此法虽不很科学，但较为稳妥可靠，且可通过不断校核和修正而达到合理化。因此，经验方法不仅在人工操作的轧机上用得广泛，而且在现代计算机控制的轧机上也经常被采用。例如，常用的压下量或压下率分配法、能耗负荷分配法等基本上都是经验方法。即使是按经验方法制定出来的压下规程，也和理论法的规程一样，由于生产条件的变化，在实际操作中很难按原规程实现。为此生产中通常采用原则性与灵活性相结合的方法来处理压下规程问题。主要有以下几个方面。

（1）根据原料、产品和设备条件，按制定轧制规程的原则和要求，采用理论或经验方法制定出一个原则指导性的初步压下规程，或者只是从保证设备安全出发，通过计算规定出最大压下率的限制范围。有了这个初步规程和限制范围，也就基本上保持了原则性和合理性。

（2）在实际操作中以此规程或范围为基础，根据现场实际情况具体灵活掌握，这样就有了适应具体情况的灵活性。

没有一个原则性规程或范围，就难以合理地充分发挥设备能力；而如果没有实际操作中的随机应变，便无法适应在线生产条件的变化，保证生产的顺利进行。这两方面相辅相成，体现为原则性与灵活性的结合。在计算机控制的现代化轧机上，自然更便于从理论原则和要求出发，灵活地根据具体情况进行合理轧制规程的在线计算和控制。这就更好地体现了原则性和灵活性的结合。事实上，在计算机控制的情况下也不可能在生产中完全按照初设定的压下规程进行轧制，而必须根据随时变化的实测参数，对原压下规程进行再整定计算和自适应计算，及时加以修正，这样才能轧制出高精度质量的产品。

本实验采用同一种原料，通过不同的冷轧轧制规程获得同一成品，并对轧制过程中力能参数的详细记录和计算分析，可以得到不同能耗量的比较，以获得其中最优的轧制规程。当然，也可以采用道次最少、等力矩（等负荷）法等进行轧制规程制定，但对于产品质量而言并不一定最好。实际生产中，应综合考虑机械、电气、咬入等各种设备和工艺条件进行规程制定。

以能耗最低为目标制定压下规程时，根据芬克公式，轧制变形消耗功表示为：

$$A = \bar{p}v\ln\frac{H}{h} \qquad (20\text{-}1)$$

式中　$\bar{p}$——平均单位轧制力；

v——轧制速度；

H——来料厚度；

h——轧后厚度。

当道次数为 n 时，总变形功为：

$$A_\Sigma = \sum_{i=1}^{n} \bar{p_i}v\ln\frac{h_{i-1}}{h_i} \qquad (20\text{-}2)$$

轧制功率与轧制力、轧制力矩、轧制速度等参数有关，据此可以求得不同压下规程的不同总变形功，从而比较规程的优劣，确定一种较为合理的压下规程。

制定规程过程中，要注意约束条件，如原料厚度、宽度、最高轧制速度、许用最大轧制力和力矩等。

20.3　实验材料和设备

实验所用材料和设备见表 20-1。

表 20-1　实验材料和设备

φ130mm 二辊实验轧机	1 台/组	Q235 板材，厚 3~5mm	4~5 件/组
游标卡尺	1 把/组	综合测试仪	1~2 台

20.4　实验方法与步骤

（1）以实验小组为单位，根据所给定试样，预先制定三套轧制工艺制度：成品厚度 h、冷轧总压下量、轧制道次、各道次压下量、轧制速度。

（2）试样编号、测量试样尺寸，做记录。

（3）对给定的板带材试样，按照不同的既定工艺参数进行轧制。

（4）对上述各种材料轧制过程中的变形和力能参数加以记录。

（5）观察不同工艺制度下各轧件的质量差异和变化。

（6）计算、分析不同规程下力能参数大小，选择出最佳压下规程。

（7）实验结束后，清理轧机辊面，整理实验工作台和实验工具等。

20.5　实验数据处理

20.5.1　实验数据记录及处理

实验数据填入表 20-2 中。

表 20-2　实验数据表

道次	轧前尺寸/mm		轧后尺寸/mm		道次压下率 ε/%	累积变形量 ε_Σ/%	轧制力 /kN	轧制力矩 /N·m	备注
	H	B	h	b					

注：按试样标号依次做记录。

20.5.2　实验数据结果及讨论

根据实验中所记录的变形、力能参数数据及轧件质量状况，得出本实验的最佳压下规程方案，并对该方案所涉及的条件加以讨论。

20.6　实验报告要求

（1）详述预先制定的轧制工艺规程和实验方案。

（2）对给定试样在不同规程下的仪器设备的实际操作过程和实验参数相应作完整描述和全面记录。

（3）计算、分析结果。

（4）分析实验过程存在的问题和解决这些问题的设想。

（5）按本院校对实验报告的规定格式和装订要求进行书写和整理。

20.7　实验注意事项

（1）实验前必须预习实验报告和"金属压力加工工艺学"课程的相关内容，对需要记录哪些数据、观察哪些现象、预计有哪些实验结果等必须做到心中有数。

（2）实验前必须了解实验轧机的性能和相关的操作规程，能正确调整轧机和控制轧机的压下等，特别要注意安全操作。

（3）轧制过程中送试样必须用木棒，严禁用手送短试样。取试样必须在轧机出口侧。

> 思考与讨论

20-1　除了能耗最低方法，根据你的了解，制定压下规程还可以采用哪些方法进行？

20-2　变形规程最佳是否考虑了产品质量问题？根据塑性成形理论，如何确保冷轧产品质量符合要求？

20-3　试讨论轧制速度对压下规程制定的影响。

实验 21　轧制板材的冲压性能实验

冲压是金属压力加工方法之一，是指板材坯料在冲头的作用下，通过与冲头相配合的模孔，依靠塑性变形而获得一定形状和尺寸的壳体零件的过程。因在冲压中所用的原料为板材，所以也称之为板冲压。冲压性能是指金属冲压变形过程中不产生裂纹等缺陷的成形极限，该成形极限是指板料成形过程中能达到的最大变形程度，在此变形程度下材料不发生破裂。可以认为，成形极限就是冲压成形时材料的抗破裂性。板料的冲压成形性能越好，板料的抗破裂性也越好，其成形极限也就越高。许多金属产品的制造都要经过冲压工艺，如汽车壳体、搪瓷制品坯料及锅、盆、盂、壶等制品。为保证制品的质量和工艺的顺利进行，用于冲压的金属板带等必须具有良好的冲压性能。此良好的冲压性能，除与材料本身有关外，还与生产工艺条件有关。

冲压所用的材料，不仅要满足产品设计的技术要求，还应当满足冲压工艺的要求。冲压工艺对材料的基本要求主要有以下几个方面。

（1）具有良好的冲压成形性能。对于成形工序，为了有利于冲压变形和制件质量的提高，材料应具有良好的冲压成形性能。即要求材料应具有良好的塑性、屈强比小、弹性模量高、板厚方向性系数大、板平面方向性系数小等特性。对于分离工序，只要求材料有一定的塑性，对材料的其他性能没有严格的要求。

（2）材料厚度公差应符合国家标准。因为一定的模具间隙适用于一定厚度的材料，材料厚度公差太大，不仅直接影响制件的质量，还可能导致模具和冲压设备的损坏。

（3）具有较高的表面质量。材料的表面应光洁平整，无分层和机械性质的损伤，无锈斑、氧化皮及其他附着物。表面质量好的材料，冲压时不易破裂，不易擦伤模具，工件表面质量好。

21.1　实　验　目　的

（1）掌握板材冲压性能的实验方法及其指标。
（2）掌握板材拉伸、胀形过程中的金属流动及变形特点。
（3）分析拉伸力、胀形力的变化特点。
（4）掌握冲压性能实验仪器的操作。
（5）探讨生产工艺条件对板材冲压性能的影响及其变化规律。

21.2　实　验　原　理

冲压性能与材料的力学性能（强度、刚度、塑性、各向异性等）密切相关。影响冲压性能的主要参数有晶粒大小、形状和织构，夹杂物，形变时效，工艺参数等。冲压性能是通过实验来测定的，而冲压性能的实验方法很多，但概括起来可分为间接实验和直接实验两类。间接实验法有拉伸实验、剪切实验、硬度检查、金相检查等；直接实验法有反复弯曲实验、爱利克辛实验（杯突实验）、拉伸性能实验等。

从目前的使用情况而言，由于间接实验时试件的受力情况与变形特点都与实际冲压时有一定的差别，因此间接实验方法所得结果用以测定板材的力学性能指标有一定的误差，但由于实验可在通用实验设备上进行，故常常被采用。而直接实验方法（也称工艺实验方法）试样所处的应力状态和变形特点基本上与实际的冲压过程基本一致，所以能直接可靠地鉴定板料某类冲压成形的性能，但需要专用实验设备或装备。为此，就最常用的间接实验法——拉伸实验和最常用的直接实验法——杯突实验作为本实验的方法。

21.2.1　板材冲压性能测定原理——拉伸实验法

在待实验板材的不同部位和方向上截取试样，如图 21-1（a）所示，按标准制成拉伸试样，然后在万能材料试验机上进行拉伸。根据实验结果或利用自动记录装置，可得到如图 21-1（b）所示应力与应变之间的关系曲线，即拉伸曲线。通过拉伸实验可测得板材的各项力学性能指标。

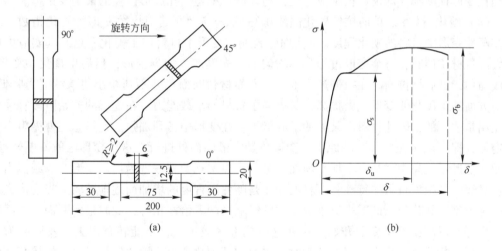

图 21-1　拉伸实验用的标准试样和拉伸曲线

板材的力学性能与冲压成形性能有很紧密的关系，可从不同角度反映板材的冲压成形性能。一般而言，板材的强度指标越高，产生相同变形量的力就越大；塑性指标越高，成形时所能承受的极限变形量就越大；刚度指标越高，成形时抵抗失稳起皱的能力就越大。利用单向拉伸实验可以得到与金属板材冲压成形性能密切相关的实验值。

板材的冲压成形性能是一个综合性的概念，冲压件能否成形和成形后的质量取决于成形极限（抗破裂性）、贴模性和形状冻结性。贴模性指板材在冲压成形过程中取得模具形状的能力；形状冻结性指零件脱模后保持其在模内获得的形状的能力。影响贴模性的因素很多，成形过程发生的内皱、翘曲、塌陷和鼓起等几何缺陷都会使贴模性降低；影响形状冻结性的最主要因素是回弹，零件脱模后，常因回弹过大而产生较大的形状误差。

材料冲压成形性能中的贴模性和形状冻结性是决定零件形状精度的重要因素，而成形极限是材料将开始出现破裂的极限变形程度。破裂后的制件无法修复使用。因此生产中以成形极限作为板料冲压成形性能的判定尺度，并用这种尺度的各种物理量作为评定板料冲压成形性能的指标。对板料冲压成形性能影响较大的力学性能指标有以下几项。

（1）屈服极限 σ_s。实验已经证明，屈服极限 σ_s 小，材料容易屈服，则变形抗力小，成形后回弹小，贴模性和形状冻结性能好。

（2）屈强比 σ_s/σ_b。屈强比 σ_s/σ_b 对板材冲压成形性能影响较大，σ_s/σ_b 小，板材由屈服到破裂的塑性变形阶段长（变形区间大），有利于冲压成形。一般来讲，较小的屈强比对板材的各种成形工艺中的抗破裂性有利；而且成形曲面零件时，容易获得较大的拉应力使成形形状得以稳定（冻结），减少回弹。故较小的屈强比，回弹也小，形状的冻结性较好。

（3）总伸长率 δ 与均匀伸长率 δ_u。δ 是在拉伸实验中试样破坏时的伸长率，称为总伸长率，简称伸长率；δ_u 是在拉伸实验开始产生局部集中变形（刚出现细颈时）的伸长率，称为均匀伸长率，它表示材料产生均匀的或稳定的塑性变形能力，它直接决定板材在伸长类变形中的冲压成形性能。当材料的伸长变形超过材料局部伸长率时，将引起材料的破裂，所以 δ_u 也是一种衡量伸长变形时变形极限的指标。从实验中得到验证，大多数材料的翻孔变形程度都与均匀伸长率成正比，均匀伸长率是扩孔成形性能的最主要指标。

（4）硬化指数 n。单向拉伸硬化曲线可写成 $\sigma = K\varepsilon^n$，其中指数 n 即为硬化指数，表示在塑性变形中材料的硬化程度。n 大时，说明在变形中材料加工硬化严重，真实应力增加大。板材拉伸时，整个变形过程是不均匀的，先是产生均匀变形，然后出现集中变形，形成缩颈，最后被拉断。在拉伸过程中，一方面材料断面尺寸不断减小使承载能力降低；另一方面加工硬化使变形抗力提高，又提高了材料的承载能力。在变形的初始阶段，硬化的作用是主要的，因此材料上某处的承载能力，在变形中得到加强。变形总是遵循阻力最小定律，即"弱区先变形"的原则，变形总是在最弱面处进行，这样变形区就不断转移。因而，变形不是集中在某一个局部断面上进行，在宏观上就表现为均匀变形，承载能力不断提高。但是根据材料的特性，板材的硬化是随变形程度的增加而逐渐减弱，当变形进行到一定时刻，硬化与断面减小对承载能力的影响，两者恰好相等，此时最弱断面的承载能力不再得到提高，于是变形开始集中在这一局部区域进行，不能转移出去，发展成为缩颈，直至拉断。可以看出，当 n 值大时，材料加工硬化严重，硬化使材料强度的提高得到加强，于是增大了均匀变形的范围。对伸长类变形如胀形，n 值大的材料使变形均匀，变薄减小，厚度分布均匀，表面质量好，增大了极限变形程度，零件不易产生裂纹。尤其是对于复杂形状的曲面零件的深拉成形工艺，当毛坯中间部分的胀形成分较大时，n 值的上述作用对冲压性能的影响更为显著。一般冷冲压低碳钢的 n 值在 0.1~0.23 之间。

（5）板厚方向性系数 r。板厚方向性系数 r 是指板料试样单向拉伸时，宽向应变与厚向应变之比（又称塑性应变比），即：

$$r = \frac{\varepsilon_b}{\varepsilon_1} = \frac{\ln \dfrac{b}{b_0}}{\ln \dfrac{t}{t_0}} \tag{21-1}$$

式中，b_0、b 与 t_0、t 分别为变形前后试样的宽度与厚度。一般规定 r 值按伸长率为 20% 时试样测量的结果进行计算。

　　r 值的大小反映平面方向和厚度方向变形难易程度的比较，r 值越大，则板平面方向上越容易变形，而厚度方向上较难变形，这对拉深成形是很有利的，可减小起皱的可能性，而板材受拉处厚度不易变薄，又使拉深不易出现裂纹。因此，r 值大时，有助于提高拉深变形程度。例如，在曲面零件拉深成形时，板材的中间部分在拉应力作用下，厚度方向上变形比较困难，即变薄量小，而在板平面内与拉应力相垂直的方向上的压缩变形比较容易，则板材中间部分起皱的趋向低，有利于拉深的顺利进行和工件质量的提高；同样，在用 r 值大的板料进行筒形件拉深时，筒壁在拉应力作用下不易变薄，不易拉破，而凸缘区的切向压缩变形容易，起皱趋势降低，压料力减小，反过来又使筒壁拉应力减小，使筒形件的拉深极限变形程度增大。厚度大于 2mm 的冷轧低碳钢板，r 值一般小于 1。

　　冲压加工所用板料，都是经过轧制的材料。因纤维组织的影响，其纵向与横向上性能有明显差异，在不同方向上 r 值也不相同，因此通常取其平均值，即：

$$\bar{r} = \frac{r_0 + r_{90} + 2r_{45}}{4} \tag{21-2}$$

式中，r_0、r_{90}、r_{45} 分别为板料在纵向、横向和 45° 方向上的板厚方向性系数。

　　（6）板平面方向性。板材经轧制后其力学、物理性能在板平面内出现各向异性，称为板平面方向性。方向性越明显，对冲压成形性能的影响就越大。例如弯曲，当弯曲件的折弯线与板料的纤维方向垂直时，允许的极限变形程度就越大，而当折弯线平行于纤维方向时，允许的极限变形程度就小，方向性越明显，降低量越大。又如筒形拉深件中，由于板平面方向性差异使拉深件口部不齐，出现"凸耳"（见图 21-2），方向性越明显，则"凸耳"的高度越大。由于 Δr 会增加冲压成形工序（切边工序）和材料的消耗，影响冲件质量，因此生产中应尽量设法降低 Δr 值。

图 21-2　Δr 对拉深件质量的影响

　　板平面方向性主要表现为力学性能在板面内不同方向上的差别。在表示板材力学性能的各项指标中，板厚方向性系数对冲压性能的影响比较明显，故板平面方向性的大小一般用板厚方向性系数 r 在几个方向上的平均差值 Δr 来衡量，规定为：

$$\Delta r = \frac{r_0 + r_{90} - 2r_{45}}{2} \tag{21-3}$$

21.2.2　板材冲压性能测定原理——杯突实验法

　　杯突实验是一种冲压工艺性能实验，用来衡量材料的深冲性能的实验方法，又称爱利克辛实验。实验时，在杯突试验机上用球头凸模把周边被凹模与压边圈压住的金属薄板顶入凹模，形成半球鼓包直至鼓包顶部出现裂纹为止，如图 21-3 所示。实验时，金属板料被凸模顶成半球鼓包。取鼓包顶部产生颈缩或有裂纹出现时的凸模压入深度作为实验指标，称为杯突值或 IE 值，以 mm 为单位。因此，杯突值可以用来评价板材的胀形性能，其值与硬化指数 n 值及总伸长率有一定相关性。

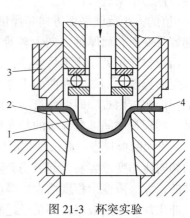

图 21-3　杯突实验

1—凸模；2—凹模；3—压边圈；4—试样

杯突实验是模拟胀形工艺，所以实验值 IE 可作为材料的胀形成形性能指标。IE 值大，胀形成形性能好。影响 IE 值的因素众多，有破裂点确定、工具尺寸、表面粗糙度、压边力、润滑条件、凸模压入速度、操作偏差和设备偏差等因素。

21.3　实验材料和设备

（1）实验材料。实验材料为 Q235 和 L2 两种材质，厚度不大于 2mm，分别按 GB/T 2975、GB 4126 的要求切取样坯和制备板材拉伸试样、杯突试样，其中拉伸实验的取样位置必须含有与轧制纵向呈 0°、45°和 90°方向的。试样每组各两件，试样表面应平整无伤痕，边缘不应有毛刺。

（2）实验设备。

1）Z100-Zwick 材料试验机，如图 21-4 所示。

图 21-4　Z100-Zwick 万能材料试验机

2）材料杯突试验机。

3）杯突实验冲压成形模一套。本杯突实验中试件及模具的尺寸见表 21-1。

表 21-1　冲压成形模具的尺寸　　（mm）

试件宽度×长度	试件厚度	冲头直径	凹模孔径	压边圈孔径
90×90	≤2	$\phi20$	$\phi27$	$\phi33$

4）游标卡尺、千分卡尺。

21.4 实验方法与步骤

本实验应用板材冲压性能测试中最常用的方法，即拉伸实验法和杯突实验法。

21.4.1 拉伸实验法的实验步骤

（1）以实验小组为单位，根据所给定的板材拉伸标准试样，利用百分尺测量每件试件的原始几何尺寸 b_0、t_0，并计算出试件的原始截面积，做记录。

（2）分别将纵向、横向传感器固定在试件上，并将试件夹紧在 Zwick 材料试验机的夹头内。同时完成各测试仪器的调零工作。

（3）按下材料试验机下行开关开始拉伸，直到试件拉断为止。

（4）取下试件，测出拉伸后试件的宽度 b 和厚度 t，并计算出相应的断面面积、做记录。

（5）依次对每件试样做实验。

（6）关闭实验设备，整理实验台及设备清洁。

21.4.2 杯突实验法的实验步骤

（1）对每件试件的原始尺寸做测量，并制备好坐标网格。

（2）把凸模座装到杯突试验机的中心活塞上，再把压边圈放到压边活塞上。压边圈上的凸梗与压边活塞上的沟槽合好，起定位作用。

（3）将试件放到压边圈上，并由压边圈上的正方形沟槽定位。

（4）把凹模装在试验机的凹模座中，并把凹模底放置到模筒中，置于锁紧位置。

（5）按下胀形开关的按钮，以一定的加载方式使试件产生拉深、胀形变形。其间注意观察试件，当试件圆顶附近出现能透光的裂缝时，迅速中止加载。

注意，在实验前，试样两面和冲头应轻微地涂以润滑油润滑，依次对每件试样做实验。

（6）关闭实验设备，整理实验台及设备清洁。

21.5 实验数据处理

21.5.1 拉伸实验法实验数据的处理

对两种材质的试样进行比较和实验结果的汇总，绘制拉伸曲线，并分别得出屈强比 σ_s/σ_b、总伸长率 δ 与均匀伸长率 δ_u、硬化指数 n、板厚方向性系数 r 和板平面方向性指标 Δr，填入表 21-2 中。

表 21-2 拉伸实验数据及其结果

序号	b_0	t_0	S_0	b	t	s	A	F	ε_b	ε_t	n	σ_s/σ_b	δ	δ_u	r	Δr

序号	b_0	t_0	S_0	b	t	s	A	F	ε_b	ε_t	n	σ_s/σ_b	δ	δ_u	r	Δr

21.5.2　杯突实验法实验数据的处理

按 GB/T 4156—2020，杯突实验应取 6 块有效试件的凸模压力深度的算术平均值作为杯突值。同时测量凸模压入的深度时应考虑到试件顶部的变薄量，即：

$$t_1 = t_0 - t \tag{21-4}$$

式中　t_0 ——试件原始厚度，mm；

　　　t ——试件顶点厚度，mm；

　　　t_1 ——试件顶点变薄量，mm。

此时，凸模压入深度 h 为：

$$h = h_1 + t_1 \tag{21-5}$$

式中　h_1 ——试件顶点增高值，mm；

　　　h ——凸模压入深度，mm。

杯突值（IE 值）为：

$$IE = \frac{1}{n} \sum_{i=1}^{n} h_i \tag{21-6}$$

式中　n ——有效试件数。

杯突实验的数据填入表 21-3 中。

表 21-3　杯突实验数据记录及处理

项目名称	1	2	3	4
毛坯厚度 t_0/mm				
压边腔液压/MPa				
胀形最大液压/MPa				
压边力/kN				
最大冲压力/kN				
试件顶点厚度 t/mm				
试件顶点变薄量 t_1/mm				
试件顶点增高值 h_1/mm				
凸模压入深度 h/mm				
IE 值/mm				

21.6　实验报告要求

（1）详述轧制板材冲压性能实验的目的和原理。

（2）对给定试样在不同实验方法所采用的仪器设备做完整描述和全面记录。

（3）计算、分析结果。

（4）分析实验过程存在的问题和解决这些问题的设想。

（5）按本院校对实验报告的规定格式和装订要求进行书写和整理。

21.7　实验注意事项

（1）实验前必须预习实验报告和"金属压力加工工艺学"课程的相关内容，对需要记录哪些数据、观察哪些现象、预计有哪些实验结果等必须做到心中有数。

（2）实验前必须了解实验设备的性能和相关的操作规程，特别要注意安全操作。

思考与讨论

21-1　冲压性能的实验方法有哪些？本实验采用哪些方法？

21-2　板材的拉伸实验所测得的力学性能指标有哪些？这些指标对冲压成形性能有什么影响？

21-3　杯突值如何获得？其反映板料的什么性能？

21-4　如何判定冲压材料的冲压成形性能的好坏？

实验 22　板带轧制各向异性实验

22.1　实　验　目　的

（1）通过本次综合性实验，分析冷轧工艺对板带材轧后各相异性的影响。

（2）掌握对板带材轧后各相异性测定的仪器操作和数据分析方法。

（3）熟悉轧制设备的操作和工艺制度的制定。

（4）分析材料对产品使用性能的影响。

22.2　实　验　原　理

多晶体金属材料塑性变形之后的晶粒取向偏离原有状态，呈现非随机分布。在塑性变形过程中，由于受到外力和热的作用，以及内部各晶粒间的相互作用和变形发展的限制，各晶粒要相对于外力轴发生转动，结果大多数晶粒聚集到某些取向上，从而形成变形织构。

不同的加工方法可形成不同的各向异性或织构，同一种加工方法，采用不同的加工工艺参数，也可形成不同的各向异性状态或织构。一般规律是，压缩变形时，晶体的转动使得滑移面力图转向垂直于压力轴方向，机械孪生、扭折等变形织构都能够使晶粒发生取向的变化。由于金属性能与内部晶粒组织形态密切相关，因而可导致金属成品的各向异性。

冷加工是金属深加工、提高性能的基本的、有效的方法，它能够将形变的组织保留至后续加工，因而对后续加工性能产生影响。冷轧后的板带材能够获得比热轧优异得多的力学和物理性能，比如板带钢的深冲性、电工钢的磁导率和结构钢的强韧性等。

冷轧压下率的大小，直接影响冷轧板带材的晶体取向，同时经过再结晶退火后的晶体依然取决于冷轧取向。总压下一定的情况下，采用多道次小压下和少道次大压下、不同方向的轧制程序均可获得不同的各向异性指标。

22.3　实验材料和设备

板带轧制各向异性实验所用的材料和设备见表 22-1。

表 22-1　板带轧制各向异性实验用设备和材料

二辊、四辊工艺轧机、300t 大功率轧机（见图 22-1）	1 台/组	热轧原板试样	1 块/组
砂轮切割机或剪板机	1 台		试样规格：厚度 1.5~3mm，长×宽：100mm×100mm
线切割机	1 台	圆形锉刀	1 把/组

续表 22-1

游标卡尺	1 把/组	台虎钳	1 台/组
万能材料试验机	1 台	金相砂纸	若干
金相显微镜	1 台/组	金相抛磨机	1 台/组
X 射线衍射仪（见图 22-2）	1 台	金相试剂	若干

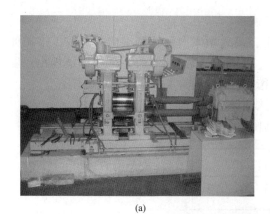

(a)

(b)

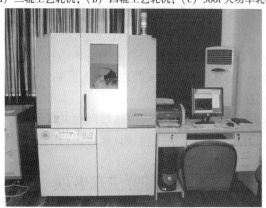

(c)

图 22-1　工艺轧机图示

（a）二辊工艺轧机；（b）四辊工艺轧机；（c）300t 大功率轧机

图 22-2　X 射线衍射仪

22.4　实验方法与步骤

（1）以实验小组为单位，根据给定试样，预先制定轧制工艺参数为冷轧总压下量、轧制道次、各道次压下量、轧制速度、轧制方向。各组的工艺参数可有所不同。

（2）试样编号、测量试样尺寸，做记录。

（3）每组按既定工艺参数进行轧制。

（4）轧制之后的试样制备：在同一块板上，沿轧制方向和轧制横向各制取 1 个拉伸试样，两个试样尺寸相同，试样长度为 100mm，宽度为 20mm，试样中间用圆锉锉出深度为 3mm 的缺口，如图 22-3 所示（1 个 X 射线衍射分析试样、1 个金相观察试样）。

（5）各组对试样进行力学性能测定、X 射线衍射检测和组织形态金相分析。

（6）分析板带材轧制时的各向异性对产品使用性能的影响。

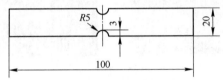

图 22-3　拉伸试样尺寸示意图（单位：mm）

22.5　实验数据处理

（1）预先制定轧制工艺参数和实验方案。

（2）对试样的轧后尺寸和实际操作过程的参数记录。

（3）分析仪器的实际操作过程和数据记录。

（4）拉伸实验数据分析。

（5）金相图片及其分析。

（6）X 射线衍射数据分析。

22.6　实验报告要求

（1）完整描述实验过程，全面记录有关数据和金相图片。

（2）实验报告中必须含有实验目的、实验原理、实验结果以及对实验过程的整体描述。

（3）金相图片、X 射线衍射数据分析。

（4）分析实验过程可能存在的问题和解决这些问题的设想。

（5）按本院校对实验报告的规定格式和装订要求进行书写和整理。

22.7　实验注意事项

（1）实验前必须预习实验报告和"金属压力加工工艺学"课程的相关内容，对需要记录哪些数据、观察哪些现象、预计有哪些实验结果等必须做到心中有数。

　　（2）实验前必须了解实验设备的性能和相关的操作规程，特别要注意安全操作。

思考与讨论

22-1　各向异性对深冲金属零件成形过程及其产品形状有何影响？

22-2　如何利用各向异性提高产品的使用性能？

22-3　除了冷轧，还可以采用哪些方法形成各向异性？

22-4　在制备分析试样时，如何提高检测的可靠性和有效性？

22-5　根据已有知识，还可以采取哪些方法测定金属材料的各向异性？

实验 23　轧制组织织构分析实验

23.1　实　验　目　的

多晶体材料在制备、合成及加工等工艺过程形成择优取向，即各晶粒的取向朝一个或几个特定方向偏聚排列的现象，这种组织状态称为织构。这种择优取向是多晶体在空间中集聚的现象，肉眼难以准确判定其取向。为了直观地表示，必须把这种微观的空间集聚取向的位置、角度、密度分布与材料的宏观外观坐标系（拉丝及纤维的轴向，轧板的轧向、横向、板面法向）联系起来，通过材料宏观的外观坐标系与微观取向的联系，就可直观地了解多晶体微观的择优取向。

对于轧制板带材，当轧制变形量较大时，会出现择优取向，即大部分（或相当多的一部分）晶粒之间至少有一个晶面或者晶向相互平行或者接近平行，产生形变织构，导致板带材的物理和力学性能发生各向异性。这种性质有时是有害的，如冷轧钢板的择优取向使它制成的冲压件出现"制耳"和厚度不均匀以致褶皱的疵病；有时又是有益的，视对材料的性能要求而定，例如，制造汽车外壳的深冲薄钢板，若存在一般织构将使其变形不均匀，产生皱纹，甚至发生破裂；但具有（111）型板织构的板材，其深冲性能良好。又如，制造变压器、整流器、电抗器的冷轧硅钢片则希望使易磁化的 [100] 方向平行于轧向，有利于减小磁损。此外，织构还可以作为一些材料的强化方法加以利用。因而测定织构并给它一定的指标具有实际意义。

因此本实验的目的在于：
（1）熟练掌握实验仪器的基本操作方法；
（2）了解织构的表示方法；
（3）掌握织构测定的基本方法；
（4）通过金相显微组织观察、分析织构；
（5）通过极图分析板材在不同的冷轧工艺条件下织构形成的强弱性。

23.2　实　验　原　理

23.2.1　织构的种类与形成机理

织构分为形变织构和再结晶织构两大类。

23.2.1.1　形变织构

经塑性加工的金属材料，如经拉拔、挤压的线材或经轧制的金属板材，在塑性变形过程中常沿原子最密集的晶面发生滑移。滑移过程中，晶体连同其滑移面将发生转动，从而引起多晶体中晶粒方位出现一定程度的有序化。这种由于冷变形而在变形金属中直接产生的晶粒择优取向称为形变织构。形变织构按其择优取向分布的特点分为丝织构、板织构等几种类型。

（1）丝织构。丝织构是一种晶粒取向轴对称分布的织构，存在于拉、轧或挤压成形的丝、棒材及各种表面镀层中。其特点是多晶体中各种晶粒的某晶向 $[u,v,w]$ 与丝轴或镀层表面法线平行，则以 $[u,v,w]$ 为指数。对多晶体也可采用极射赤面投影表示其中晶粒取向的分布情况，即以一宏观坐标面为投影面（如与丝轴平行或垂直的平面），将晶体中的某一确定的晶向或晶面向此宏观坐标面投影，这样的极射赤面投影图称为该晶向或晶面的极图。当有丝织构时（设有<111>丝织构），其 {001} 面法线将相对丝轴（F.A//<111>）呈旋转对称分布，即偏聚在与丝轴相距 54.74° 的一纬线环带上，如图23-1（b）所示。

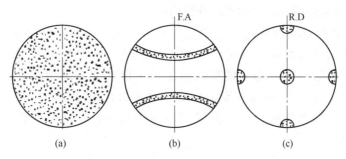

图 23-1   不同取向状态的极图的示意图（图示为 {001} 极图）

（a）无序取向；（b）丝织构；（c）板织构

（2）板织构。板织构存在于轧制、旋压等方法成形的板、片状构件内，其特点是材料中各晶粒的某晶向 $[u,v,w]$ 与轧制方向（R.D）平行，称轧向，各晶粒的某晶面 {h, k,l} 与轧制表面平行，称轧面，<u,v,w>{h,k,l} 即板织构的指数。图23-1（c）为以轧面为投影面时立方织构多晶材料的 {001} 极图示意图。在轧制过程中，随着板材的厚度逐步减小，长度不断延伸，多数晶粒不仅倾向于以某一晶向<u,v,w>平行于材料的某一特定外观方向，同时还以某一晶面 (h,k,l) 平行于材料的特定外观平面（板材表面），一般以 $(h,k,l)[h,k,l]$ 表示，如图 23-2 所示。

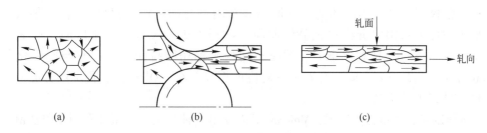

图 23-2   板材轧制过程中择优取向的形成

（各晶粒中的"→"表示<111>方向）

（a）轧制前的晶粒取向；（b）轧制时的晶粒取向；（c）轧制后的晶粒取向

此外，某些锻压、压缩多晶材料中，晶体以某一晶面法线平行于压缩力轴向，此类择优取向称为面织构，常用垂直于压缩力轴向的晶面指数 $\{h,k,l\}$ 表示。

形变织构的形成与材料的成分、变形时的应变状态、变形量及热处理工艺等因素有关。形变织构各组分的相对强弱受合金元素的性质和含量、晶粒大小和形状、晶界和相界特性、变形热力学条件以及应力应变状态等许多内外因素的影响和控制。形变织构生成机理，提出的是织构与金属的滑移系相关的理论。

23.2.1.2　再结晶织构

具有形变织构的冷加工金属，经过退火、发生再结晶以后，通常仍具有择优取向，称为退火织构或再结晶织构。

再结晶织构依赖于所牵涉的再结晶过程，它分为初次再结晶和二次再结晶织构。由于金属原有变形织构的漫散程度和伸长率、退火温度以及退火气氛等的差异，实际的再结晶织构的取向不同程度地偏离理论的再结晶织构取向。

再结晶织构的形成有两种理论，即定向成核学说与定向成长学说。再结晶晶粒的择优取向由一些晶核的取向所决定，这种看法最早由伯格斯（W. R. Burgers）提出，后来伯格斯等又根据马氏体切变模型提出了关于形成立方织构的定向成核理论。定向成长理论是贝克（P. A. Beck）提出来的，他认为在形变基体内存在着各种取向的晶核，其中有些晶核因取向合适，晶界移动本领最大，在退火过程中成长最快，最后形成再结晶织构。

23.2.2　织构测定方法和分析方法

23.2.2.1　织构测定方法

晶体 X 射线学中，织构测定方法有多种，如晶体学指数表示法、直接极图法、反极图法、等面积投影法、晶体三维空间取向分布函数法（ODF）等。

23.2.2.2　织构分析方法

织构测定方法的确定，为织构的分析奠定了基础。织构的分析方法渊源已久，早在 1924 年 Wever 就提出了极图法，1948 年以后，Deker 和 Schulz 发展了用衍射仪测定极图的方法，使极图法趋于完善。1952 年，Harris 为测定轧制轴棒的织构提出了反极图法，后经 Mueller 等发展而完善。1965 年，Roe 和 Bunge 分别采用级数展开方法，从几张极图中推导出晶体的三维取向分布函数（ODF），使材料织构的细致、定量分析成为可能。ODF 分析法把晶体取向与试样外观的关系用三维取向空间表达出来，这一取向空间就是欧拉空间。欧拉空间的坐标用欧拉角表示，它与归一化后的晶体取向 $(h,k,l)\,[u,v,w]$ 有着一一对应的换算关系。ODF 法已成为目前定量分析板织构的最有力的工具。

从试样制备和测量方便考虑，Meieran 等人提出一种只用一个试样采用反射法测量就能得到完整极图的一个象限的方法。此法的关键在于制备一个具有一定方位的组合试样，即从薄板上取下小样，把它们以相同的方位叠合起来并用黏合剂粘牢，然后在叠片试样的一角上切割出一个平面，此平面的法线与板材的轧向、轧面法向及横向都成等角（54.7°），以此为表面的薄片即为测定完整极图的组合试样。图 23-3 所示为组合试样的制备过程。法线与三个相互垂直的坐标成等角的表面在以轧面为投影面的极图上的投影位置如图 23-4 所示。对组合试样用反射法测定时，α 角范围取 55°~90°，其极点就可覆盖极图的一个象限。一般轧制板材具有对称织构，得到极图的一个象限，就足以表示织构的全貌了。

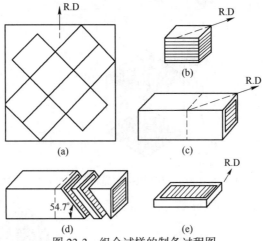

图 23-3　组合试样的制备过程图

（a）薄板上取小样示意图；（b）小样叠合示意图；（c）小样叠合组合示意图；
（d）小样叠合组合切割示意图；（e）测定极图用的组合试样

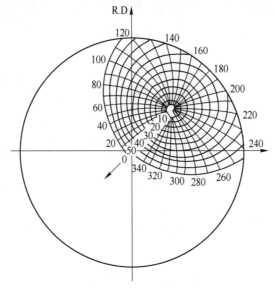

图 23-4　组合试样表面投影及投影面的极图

　　晶体在三维空间中取向分布的二维极射赤面投影称为极图。它是通过将多晶材料中的某特定晶面族的法线向试样的某个外观特征面作极射赤面投影得到的。图 23-5 是轧制板材时织构中晶粒与板材外形相对取向示意图，图 23-6 为（001）［100］理想板织构的三种极图。不同阴影表示衍射线段强度的高低，阴影越深表示衍射强度越高，晶粒取向性越强，从而表示了各个晶粒的择优取向分布，由此计算取向分布函数（ODF），进行织构分析。

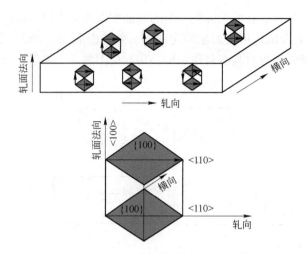

图 23-5　轧制板材时 {100}<110>织构中晶粒与板材外形相对取向示意图

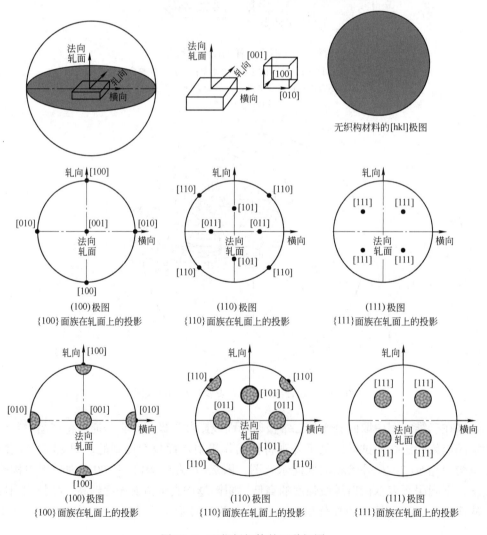

图 23-6　理想板织构的三种极图

23.3 实验材料和设备

（1）千分尺、游标卡尺、量角器、粉笔、铁砂纸。

（2）金相显微镜。

（3）ϕ130mm 二辊实验轧机。

（4）剪板机。

（5）X 射线衍射仪。

（6）轧件试样：材料为 27Q120、IF 钢，10mm×40mm×50mm 的矩形热轧试样各 4 块。

23.4 实验方法与步骤

23.4.1 实验方法

将上述两种钢种的试样（各保留一块）在 ϕ130mm 二辊实验轧机进行不同变形量的冷轧，试样的冷轧总变形量分别为 30%、55%、80%，冷轧后分别按图 23-3 制备组合试样，取样测算织构；制备组合试样的剩余轧料，制作金相试样，观察显微组织。

23.4.2 实验步骤

（1）试样编号、测量试样尺寸，做记录。

（2）调整实验轧机，使上下轧辊平行，并将辊缝调整到 6~8mm。

（3）保留两种钢种的试样各一块，其余分别按 30%、55%、80% 的冷轧总变形量进行多道次的冷轧。

（4）冷轧后所有试样按不同钢种、同一变形量编成 4 组，每组 2 个试样。

（5）按要求制备组合试样（4 组、8 个），并将剩余轧料制成金相试样（4 组、8 个）。

（6）用 X 射线衍射仪，进行衍射峰值强度的测定。将各级强度标在极网坐标的相应位置上，连接相同级别各点成光滑曲线，这些"等极密度线"就构成极图。

（7）用金相显微镜观察显微组织。

（8）实验结束后，清理设备，整理实验工作台和实验工具等。

23.5 实验报告要求

（1）写出实验目的和要求。

（2）列出全部原始测试资料。

（3）详细描述实验过程。

（4）绘制各试件在该工艺条件下的极图。

（5）描绘各试件在该工艺条件下的金相图片。

（6）分析实验过程可能存在的问题和解决这些问题的设想。

（7）按本院校对实验报告的规定格式和装订要求进行书写和整理。

23.6　实验注意事项

（1）实验前必须预习实验报告和"金属压力加工工艺学"课程的相关内容，对需要记录哪些数据、观察哪些现象、预计有哪些实验结果等必须做到心中有数。

（2）实验前必须了解实验设备的性能和相关的操作规程，特别要注意安全操作。

思考与讨论

23-1　织构的类型有哪些？本次实验观察到的是哪种？

23-2　织构的利与弊体现在哪里？

23-3　作本次实验的织构强弱性分析。

实验 24　板带材异步轧制及轧制压力分析实验

24.1　实　验　目　的

异步轧制是一种速度不对等轧制，上下工作辊表面线速度不等，因此又称差速轧制，也称搓轧。异步轧制是两个工作辊圆周速度不等，使轧制变形区产生一种搓轧变形的轧制技术。它有两种基本形式：一是辊径相同，转速不同（同径异步）；二是转速相同，辊径不同（异径异步）。除此之外，现代轧制理论中也将上下轧辊具有相同的辊径与转速，但与金属轧件摩擦系数不等归为异步轧制的又一种形式。

异步轧制是一种新的轧制工艺，有许多优点。与常规同步轧制相比，采用异步轧制可以大大地降低轧制力和轧制力矩，所以设备重量轻，能耗低，轧机变形小，产品精度高；减少了轧辊的磨损和中间退火，降低了生产费用；轧制道次少，生产率高；轧机可轧厚度范围大。异步轧制不但适用于冷轧板带，特别适于轧制薄带和超薄带，并且还可以用于热轧板带等，是一项很有发展前途的生产工艺。异步轧制同样也存在不足，主要是容易引起轧机震颤。

通过本实验达到以下目的：

（1）熟练掌握实验设备的基本操作方法；

（2）仔细观察异步轧制过程中轧件的变形状况；

（3）分析轧制过程中轧制力的变化规律；

（4）掌握电测法测试轧制压力的测定方法和过程。

24.2　实　验　原　理

异步轧制与常规轧制的根本区别是：异步轧制时按预定要求使上下工作辊的表面产生一定的线速度差，这样就造成了金属在变形区内流动的特点与常规轧制不同。常规轧制变形区内金属相对轧辊有前滑区和后滑区，摩擦力指向中性面。因此，其上下接触弧的摩擦力，轧制压力和扭转均是对称的，如图 24-1 所示。异步轧制由于上下辊有速度差，上下辊的中性面不在同一垂直平面内，慢速辊侧中性点向入口侧移动，快速辊侧中性点向出口侧移动，这样就形成了变形区内轧件与轧辊上下两个接触表面摩擦力方向相反的区域，如图 24-2 所示，这个区域也称为"搓轧区"。

因此，异步轧制时，由于上下轧辊之间有线速度差，快速辊与慢速辊之间产生了切应力，这种切应力的作用在于抵消了摩擦阻力产生的"摩擦峰"，如图 24-2 所示。而"搓轧区"中由于摩擦力方向相反，造成了搓轧区上下表面金属流动的不同，因而在变形区内引起附加剪切应变，这种巨大的附加剪切变形和常规轧制压缩变形的共同作用，使异步轧制变形更加剧烈，金属流动加快，从而大大降低轧制压力并改善轧件的变形条件，并导致金属表面质量、金相组织、晶体位向和力学性能的变化。

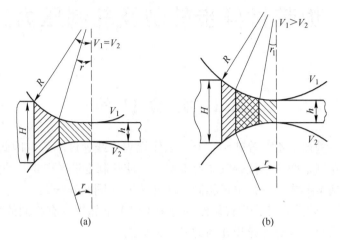

图 24-1　变形区的摩擦力分布

（a）同步轧制；（b）异步轧制

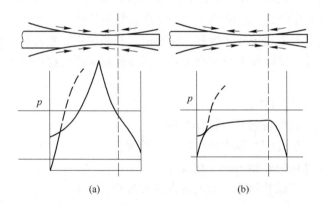

图 24-2　轧制变形区摩擦力受力图

（a）同步轧制变形区受力图；（b）异步轧制变形区受力图

由于异步轧制对降低轧制压力的效果是相当显著的，因而将非电量电测法中的电阻应变式测力传感器测试轧制压力的方法应用在异步轧制中，即可测出每道次的轧制压力。电阻应变式测力传感器测试轧制压力的工作原理是：外力作用在弹性元件上，使之产生弹性变形（应变），由贴在弹性元件上的应变片将应变转换成电阻变化；再利用电桥将电阻变化转换成电压变化，然后送入放大器放大，由记录器记录；然后利用标定曲线将测得的应变值推算出外力大小，或直接由测力计上的刻度盘读出力的大小。图 24-3 所示为该测量系统的基本组成。在现代化的生产过程和实验中，过程参数的检测都是自动进行的，即测试任务是由测试系统自动完成的，传感技术和微型计算机技术是构成现代检测技术和控制系统不可缺少的两个方面。在现代测试技术中，传感器与微型计算机的结合，对信息处理、自动化及技术进步起着非常重要的作用。图 24-4 是动态应变测量时数据采集原理图，其中的示波器如图 24-5 所示。

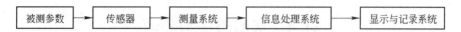

图 24-3　测量系统的基本组成

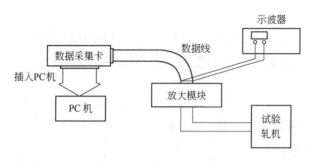

图 24-4　数据采集原理图

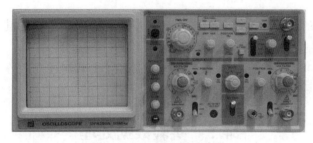

图 24-5　DF4355 型示波器

　　基于上述分析，设计本实验，主要研究在一个冷轧轧程内，压下率和异步比的变化对异步轧制时轧件的变形状况、轧制压力的大小的影响及其变化规律分析。

24.3　实验材料和设备

　　（1）ϕ130mm 二辊实验异步轧机（同径异步），如图 24-6 所示。

　　（2）测力传感器。

　　（3）动态电阻应变仪。

　　（4）示波器。

　　（5）应变放大器。

　　（6）Zwick 万能材料试验机。

　　（7）信号采集处理分析仪，如图 24-6 所示。

　　（8）PC 电脑。

　　（9）千分尺、游标卡尺、木棒、兆欧表、万用表。

　　（10）轧件试样：材料为 L2 和 LF21，6mm×30mm×75mm 的矩形试样各 4 块。

图 24-6　信号采集处理分析仪

24.4　实验方法与步骤

24.4.1　实验方法

在二辊实验轧机上按 1.0、1.06、1.17、1.28 的异步比分别进行若干道次的轧制，轧成不同厚度，同时采用传感器测量法进行每道次轧制压力的测定。

24.4.2　实验步骤

（1）试样编号、测量试样尺寸，并记录。

（2）调整实验轧机。

（3）做好电阻应变片的粘贴、测力传感器的标定，并将各轧制压力的测试仪器连接到位、调平。

（4）两种材料的试样各取一块，按一个异步比进行若干道次的轧制轧成不同厚度，同时进行每道次轧制压力的测定，做好记录或标记。

（5）按步骤（4）依次完成同步轧制和三种异步比的轧制过程。

（6）实验结束后，清理轧机辊面，整理实验工作台和实验工具等。

24.5　实验数据处理

实验数据填入表 24-1 中。

表 24-1　某异步比时的实验数据记录表

道次	L/mm	B/mm	b/mm	H/mm	h/mm	Δh/mm	ε/%	$P_{光}$/kN
1								
2								
3								
4								
5								
6								
7								
8								
9								
⋮								

24. 6　实验报告要求

（1）写出实验目的和要求。

（2）列出全部原始测试资料。

（3）详细描述实验过程。

（4）分析同种材料，在不同压下量、不同异步比时轧件的变形状况及其轧制压力的关系。

（5）分析不同材料，在不同压下量、不同异步比时轧件的变形状况及其轧制压力的关系。

（6）分析实验过程可能存在的问题和解决这些问题的设想。

（7）按本院校对实验报告的规定格式和装订要求进行书写和整理。

24. 7　实验注意事项

（1）实验前必须预习实验报告和"金属压力加工工艺学"课程的相关内容，对需要记录哪些数据、观察哪些现象、预计有哪些实验结果等必须做到心中有数。

（2）实验前必须了解实验轧机的性能和相关的操作规程，能正确调整轧机和控制轧机的压下等，特别要注意安全操作。

（3）轧制过程中送试样必须用木棒，严禁用手送短试样。取试样必须在轧机出口侧。

思考与讨论

24-1　异步轧制是如何进行的？

24-2　分析异步轧制时影响轧制压力的各种因素。

24-3　实验中你观察到的有关轧件板形出现过哪些现象？

24-4　异步轧制与常规轧制相比较有什么特殊的地方？

实验 25　复合板轧制变形规律实验

25.1　实验目的

近年来，利用有限的资源，实现成本的最小化，效益的最大化，制品的轻量化、经济化、高性能化，从而实现可持续发展已成为全球关注的焦点。复合材料作为一种新生材料，将以其低成本、多用途在更多的领域得到最广泛的应用。铜-铝复合板是众多复合材料中的一枝新秀。铜板复合铝板，利用铜板表面光滑、发亮、美观等特点，又增加了铝板重量轻、成本低等优点。它的应用不仅节约了大量铜资源，而且可以降低材料成本 25%~35%。铜-铝复合板不仅具有铜的导电、热导率高、易钎焊、接触电阻低和外表美观等优点，也具有铝的质轻、经济等优点。采用固相复合技术生产的铜-铝复合板，还具有结合面过渡电阻和热阻抗低、耐蚀、耐用、延展性和成形性好等综合性能，可广泛用于电子、电器、电力、建筑装潢、冶金设备、机械、汽车、能源、家用电器、生活用具等各个领域。

因此，对铜-铝双金属复合板的轧制变形规律进行分析和研究具有重要的意义。通过本实验达到以下目的：

（1）熟练掌握二辊实验轧机的基本操作方法；

（2）仔细观察轧件的变形状况；

（3）分析轧制过程中轧件高向、横向的变形特征及其规律，能够利用影响因素的基本规律来有效控制双金属复合板的轧制；

（4）探索铜-铝复合板冷轧时复合面产生破坏的变形量值。

25.2　实验原理

随着近几年来电力、电子、计算机工业的迅猛发展，应用于电器、仪表、电力控制及电子封装中的铜-铝双金属复合板的比例不断增加，铜-铝复合板在性能上的精度、尺寸公差及板形上的要求不断提高，这就需要精确控制它的冷轧轧制工艺参数。

图 25-1 为双金属轧制过程示意图。双金属复合板轧制不同于单板轧制，它是一种非对称轧制，其左右部分对称而上下部分不对称。由于轧制的两种金属材料的不同，两层金属的屈服强度不同，而且两者的塑性硬化也有很大的差异。这将导致双金属复合板在不同的冷轧变形量条件下结合面附近存在着不均匀变形，并且随着变形程度的增加，不均匀现象加剧，从而使整体变形的协调性遭到破坏。对于双金属复合板轧制而言，如不考虑轧件的宽展，虽然两种被轧制的金属之间的力学性质存在着差异，但是由于辊缝的限制，除了两种材料的受力状态有所差异之外，它们在辊缝内变形的流动特点与单一金属轧制是基本一致的。

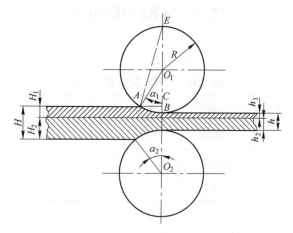

图 25-1　双金属轧制过程示意图

分析复合板轧制过程的变形特点及其规律，对控制轧件厚度、形状、合理制定冷轧工艺参数、轧件的整体协调性关系极大。

25.3　实验材料和设备

（1）ϕ130mm 二辊实验轧机。

（2）千分尺、游标卡尺、木棒、划针。

（3）汽油、机油、粉笔。

（4）轧件试样：材料为铜铝双金属复合板，8mm×20mm×75mm 的矩形试样 3 块。

25.4　实验方法与步骤

25.4.1　实验方法

将一块试样在干摩擦条件下，以不同的压下量在实验轧机上进行冷轧，直至复合层面协调性遭破坏为止。在润滑条件下做同样的轧制过程。

25.4.2　实验步骤

（1）试样编号，测量试样尺寸，做记录。

（2）在每块试样的上下表面用划针画网格。

（3）用干净的棉纱蘸汽油在轧机出口方向擦拭轧辊表面。

（4）调整实验轧机，使上下轧辊平行。

（5）按照三种轧制摩擦状态（干面、粉面和油面），用 3 块试样各做一次轧制过程，观察轧件的变形状况，并做相关记录。

（6）实验结束后，清理轧机辊面，整理实验工作台和实验工具等。

25.5　实验数据处理

实验数据填入表 25-1 中。

表 25-1　试样轧制数据记录表

试样编号	试样材料	实验条件	H/mm	h/mm	$\Delta h/mm$	$\varepsilon/\%$
		干面轧辊				
		粉面轧辊				
		油面轧辊				

25.6　实验报告要求

（1）写出实验目的和要求。

（2）列出全部原始测试资料。

（3）详细描述实验过程。

（4）分析实验中出现的各种现象。

（5）分析实验过程可能存在的问题和解决这些问题的设想。

（6）按本院校对实验报告的规定格式和装订要求进行书写和整理。

25.7　实验注意事项

（1）实验前必须预习实验报告和"金属压力加工工艺学"课程的相关内容，对需要记录哪些数据、观察哪些现象、预计有哪些实验结果等必须做到心中有数。

（2）实验前必须了解实验轧机的性能和相关的操作规程，能正确调整轧机和控制轧机的压下等，特别要注意安全操作。

（3）轧制过程中送试样必须用木棒，严禁用手送短试样。取试样必须在轧机出口侧。

思考与讨论

25-1　本实验轧件上下表面的网格呈现什么状态，为什么？

25-2　双金属复合面在什么条件下协调性遭到破坏？

25-3　分析本实验现象。

实验 26　管坯扭转性能实验

本实验将确定金属材料热加工的最佳塑性温度范围，一般应用于无缝钢管坯斜轧穿孔温度区间的确定。

26.1　实验目的

本实验的目的是获得金属在变形过程中具有最佳塑性的温度范围，使得材料变形功最小、能耗最低、工具损耗最小、设备负荷较低，并有利于提高材料成形质量。

26.2　实验原理

26.2.1　确定金属塑性最佳温度范围的意义

无缝钢管热轧穿孔所用的管坯通常为圆柱状实心体，管坯的加工方式一般为连铸或初轧。尽管其加工过程需要经过穿孔、轧管和热精整等一系列塑性变形，但由于无缝管坯在斜轧穿孔过程中特殊的应力应变状态，容易导致金属在变形过程中的塑性失效，人们总是希望在其斜轧穿孔的复杂变形条件下具有最佳的塑性，以确保管坯的加工性能，同时有利于提高工模具及穿孔设备的使用寿命，降低能耗，提高成材率。

26.2.2　采用扭转法确定金属材料高温塑性的依据

金属与合金的塑性性质取决于加工方式、物理与化学性能、组织、变形温度与速度条件、应力应变状态、变形尺寸、周围介质等。由于影响因素的多样性和综合影响的复杂性，不可能确定各种条件下的精确的塑性定量关系。现有金属材料塑性测定方法有多种，其中常用的有通过金属材料断面收缩率或伸长率来确定其塑性的拉伸实验法、通过金属材料扭转次数来确定塑性的扭转实验法等。不同的加工方式或产品，可采用相对适用的实验手段，例如对于冷弯成形类金属材料可采用弯曲实验，对于锅炉或结构用管采用扩口实验等，目的是确定特定加工环节中（温度、形状、应力应变状态等条件下）材料的塑性。

由于无缝管坯的形状和斜轧穿孔过程中的加工条件与圆轴类金属材料热扭转试验具有相近的变形条件和应力应变状态，同时相对于其他实验（比如轧卡实验等）而言，热扭转实验条件比较容易实现，因而容易获得相对准确的金属材料穿孔塑性最佳的温度范围。

26.2.3　热扭转法实验原理

图 26-1 为斜轧穿孔时变形区管坯的变形图示。在穿孔准备区，管坯受呈锥形的轧辊表面摩擦力作用，产生扭转变形，同时在这一区域内，因交变应力作用，中心部位极易出现孔腔，故要求管坯在此阶段具有最佳塑性。

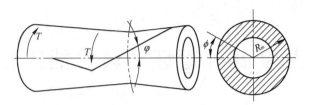

图 26-1　斜轧穿孔时变形区管坯的变形图示

图 26-2 所示为一圆杆在承受扭转时的应力-应变状态，在金属材料尚未出现塑性失效（断裂）之前，该圆杆可形成一定程度的扭转角，其大小反映了该变形条件下金属材料的塑性良好程度，扭转角越大则说明塑性越好。由于高温下金属材料一般具有良好的塑性，所以热扭转试验采用扭转周数 n 来表征该材料的塑性。

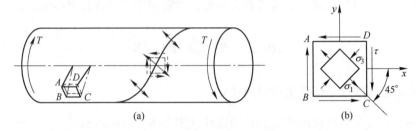

图 26-2　圆杆扭转时的应力-应变状态
（a）圆杆扭转受力示意图；（b）圆杆扭转试样表面应力-应变状态图

加热温度是指管坯的出炉温度。加热温度必须确保管坯的穿孔温度在塑性最佳温度范围。碳素钢的塑性最佳温度一般低于固相线 100~150℃。对于高合金钢和一些新研制钢种，则不宜按相图确定加热温度，此时用热扭转法或用测定临界压缩率的方法来确定最佳塑性温度范围，并以此范围作为该钢种的穿孔温度范围。如图 26-3 所示为 1Cr18Ni9Ti 钢的热扭转曲线，由图可知，1Cr18Ni9Ti 钢的穿出温度应不高于 1210°C，以 1170~1200°C 为宜。

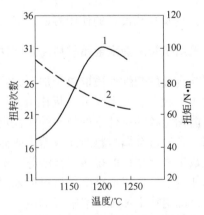

图 26-3　1Cr18Ni9Ti 钢的热扭转曲线
1—扭转次数；2—扭矩

26.3　实验材料和设备

（1）实验材料。有效直径为 10mm，长度为 100mm 的圆杆试样，材质为 20 钢、Q235，数量各 10 支，具体尺寸如图 26-4 所示。

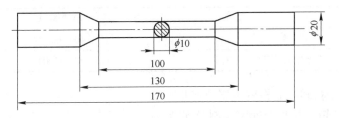

图 26-4　试样尺寸图示（单位：mm）

（2）实验设备。CTT1202 电子扭转试验机 1 台（见图 26-5 和表 26-1）；感应加热器及其控制系统 1 套。

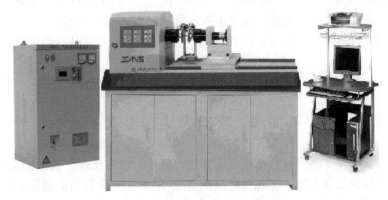

图 26-5　CTT1202 电子扭转试验机

表 26-1　CTT1202 电子扭转试验机技术参数

测量参数	最大扭矩	200N·m
	扭矩测量范围	2~200N·m
	扭矩示值相对误差	±1%（1 级）/±0.5%（0.5 级）
	扭矩分辨力	最大扭矩的 1/300000
	扭转角测量范围	0°~10000°
控制参数	扭转角示值相对误差	±1.0%
	扭转计扭角分辨力	0.0045°
	扭转计扭角示值相对误差	±1.0%
	扭转速度	6°~720°/min
	扭转速度相对误差	设定值的±1.0%以内
	夹头间最大距离	300mm
	试样平行段直径	ϕ6~16m
其他	电动机功率	0.2kW
	电　源	220(1+±10%)V/50Hz
	机器外形尺寸	1000mm×520mm×500mm
	机器重量	300kg

感应器参数	功　率	10~100kW
	频　率	10~100kHz
	温度控制范围	500~1300℃

CTT1202 电子扭转试验机的主要特点是：

1）可进行扭矩、扭角等速率控制及保持；

2）除电源接口外，其他接口采用标准 USB 式接口，支持热插拔；

3）微机控制全实验过程，实时动态显示扭矩、扭角、标距扭角、扭转速度和实验曲线；

4）微机数据处理分析，实验结果可自动保存，实验结束后可重新调出实验曲线，通过曲线遍历重现实验过程，或进行曲线比较、曲线放大；

5）全中文 Windows 平台，具有数据和图形处理功能，可即时打印完整的实验报告和实验曲线。

（3）其他。帆布手套：1 副/人；夹钳：1 副/组；缓冷沙盘：1 个。

26.4　实验方法与步骤

（1）分组，每组 4 人，分别负责设备的加热操作、扭转操作、数据记录和试样装卸。

（2）按组讨论加热方案，加热温度范围为 950~1250℃，并由此确定试样支数，每种材质试样不得超过 10 支，以试样数量少用者为佳。每种材质的试样组中，按试样数量确定每一支试样的加热温度，并做记录。

（3）开启扭转试验机电源，进入软件控制界面，并分别对扭转速度、最大扭转角等控制参数加以设置，注意每种材质和规格的试样只能设置一种扭转速度和最大转角。

（4）开启感应器控制柜电源，对加热速度和加热温度进行设定，加热温度由低到高依次设定；保温时间与扭转持续时间设定为同步。将感应线圈连同母线移至支持架上并固定之。感应线圈定位以试样中间位置为准。

（5）装载试样，注意夹持长度为 10~20mm，以 15mm 为宜，不可打滑。注意不得碰撞感应加热器线圈。

（6）开启实验启动开关，可见温度曲线逐渐升高至稳定段，此时扭转试验机的扭转程序启动，直至扭矩消失为止。实验终止。

（7）保持并记录试样此时的扭转角（转数）和转矩。

（8）用夹钳将试样卸下试验机，放入缓冷沙盘。

（9）重复上述过程，对下一试样进行测定，直至所有试样的扭转实验完成为止。

（10）记录或打印所有试样的加热温度、扭转角、转矩数据，退出软件界面，关闭计算机，关闭主电源，整理现场。

26.5　实验报告要求

（1）阐述实验目的和实验原理。

（2）叙述实验过程和步骤。

（3）数据记录格式按表 26-2。

（4）对表 26-2 所记录的数据进行分析，作出两种不同钢种试样的转角-温度曲线，得出相应的最佳塑性温度值。

表 26-2　实验数据记录表

试样序号	加热温度/℃	扭转角/（°）	转矩/N·m	说　明
1				
2				
3				
⋮				
n				

思考与讨论

26-1　不同的扭转角速度对塑性指标有没有影响，其影响规律如何？

26-2　为什么随着扭转次数的增加，扭矩会出现下降的趋势？

26-3　管坯直径对扭转试验的结果将有什么影响？

26-4　扭转试验过程中，如果对圆杆施以轴向力，将会对扭转实验的结果有何影响？

26-5　你是怎样用最少的试验次数，最快地获得最佳塑性温度的？

实验 27　孔腔效应实验

本实验通过在小型斜轧穿孔机对圆管坯进行无顶头轧制，观察金属内部组织形态变化，分析孔腔形成和发展过程，推断孔腔形成机理，并对孔腔形成影响因素作出判断。实验可根据现有条件采用以下两种方法之一：一种是采用 φ50mm 斜轧穿孔机，可对实际钢种进行热轧，可分析温度对孔腔的影响；另一种是采用常用 φ130mm 二辊实验轧机（轧机经改造，轧辊可同向旋转），可进行模拟演示性实验。

27.1　实 验 目 的

二辊斜轧的变形特点在于轧辊辊面锥角、送进角和辗轧角等对应力和变形状态的影响。斜轧穿孔工艺过程中，人们总是力求防止在顶头前形成孔腔，以免造成内折缺陷。孔腔的形成本质上是金属中特定的应力和应变状态所致，研究实心管坯斜轧的应力应变状态及其影响因素，对合理确定穿孔工艺参数、避免孔腔缺陷的形成、提高毛管的内表质量有重要意义。为了能对这类变形加工所出现的中心孔腔的规律有所认识，本实验采用实物模拟方法，对孔腔效应的形成规律和影响因素进行分析讨论。

27.2　实 验 原 理

斜轧穿孔法于 19 世纪末期应用于工业生产，又称 Mannesmann 穿孔法，是目前无缝钢管穿孔应用最广泛的方法。图 27-1 所示为三种不同形状的轧辊所构成的斜轧穿孔形式，

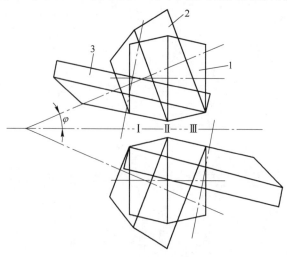

图 27-1　三种形式的斜轧穿孔

Ⅰ—入口锥；Ⅱ—轧制带；Ⅲ—出口锥

1—辊式；2—菌式；3—盘式

不论形式如何，其轧辊均具有穿孔锥（轧辊入口锥）、辗轧锥（轧辊出口锥）和轧辊轧制带（入口锥与出口锥之间的过渡部分）三个基本部分。

二辊斜轧穿孔是轧件在两个相对于轧制线倾斜放置的主动轧辊、两个固定的导板（或主动导盘、随动导辊）和一个位于中间的轴向定位的随动顶头组成一个环状封闭孔型内（见图 27-2）所进行的轧制过程。

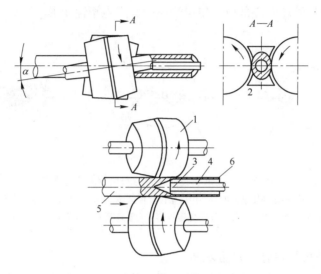

图 27-2　二辊斜轧穿孔示意图
1—轧辊；2—导板；3—顶头；4—顶杆；5—管坯；6—毛管

斜轧穿孔变形区形状如图 27-3 所示，顶头之前的区域为穿孔准备区，在此区域内，管坯受到轧辊的轴向曳入并实现旋转，同时径向受到压缩，在轧辊和导板之间出现椭圆压扁变形，这种螺旋轧制方式将使金属内部应力应变状态复杂化，尤其是各应力分量呈交变状态，可导致心部组织疏松和孔腔的出现。在轧辊的反复辗压下，这种组织疏松一般会出现在穿孔准备区的特定位置，随着变形过程的进行，内部疏松将会扩展为较大的裂纹，从而形成孔腔。实践证明，处于疏松部位的金属若遇到顶头则可使顶头阻力降低，并且疏松组织可在挤压过程中得到修复，但此时如果管坯未能遇到顶头，则疏松组

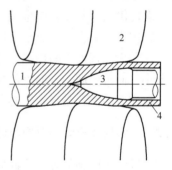

图 27-3　斜轧穿孔变形区示意图
1—管坯；2—轧辊；3—顶头；4—毛管

织将扩展为孔腔缺陷。所以，斜轧穿孔工艺中应力求利用疏松，防止孔腔缺陷。

27.2.1　斜轧实心管坯时的变形和应力状态

27.2.1.1　斜轧实心管坯时的变形状态

斜轧实心圆管坯的变形图如图 27-4 所示。斜轧穿孔时，在两个轧辊的作用下，管坯中将出现应力应变。金属与轧辊的接触表面相对较小，轧辊对坯料的作用力近似集中载荷。按照斜轧圆管坯的外力作用情况，可将圆管坯分为两部分：一部分是在轧辊的直接作

用区域［图27-4（a）中的阴影部分］；另一部分则是远离轧辊表面的区域，为间接作用区。根据集中载荷的特点，直接作用区的应力较大，而间接作用区的应力将急剧分散下降。因此，塑性变形首先发生在接触面上，表面变形特征明显，坯料中心的塑性变形则逐渐减小。表面变形的金属优先在横向和纵向延展，从而形成管坯形成椭圆断面和端部凹陷。这种不均匀变形随着螺旋轧制时坯料的旋转和前进，压缩量不断增加，塑性变形不断累积和深透直至到达管坯中心部位，使得管坯中心产生塑性变形。

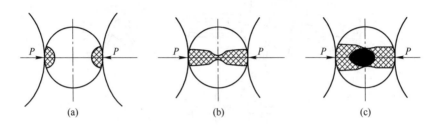

图 27-4　轧制实心管坯时的塑性变形区分布

（a）轧辊开始与实心管坯接触压缩时的管坯内部塑性变形区域；（b）轧辊进一步压缩实心管坯时的管坯内部塑性变形区域拓展到中心部位；（c）轧辊压缩实心管坯到一定程度时的管坯中心部位出现撕裂

27.2.1.2　斜轧管坯时的应力状态

在轧辊作用下，管坯的直接作用区除了受到轧辊的直接压力，还受到其两侧的间接作用区金属的挤压作用，以及内层金属限制其流动的压应力作用。相反地，中心区的金属将受到外层金属的拉应力作用。这种拉应力在横向和轴向都存在。

斜轧伊始，管坯表层金属尚为三向压应力状态，而在管坯中心部位则是一向压应力，两向拉应力，其大小取决于不均匀变形程度。

随着变形程度不断增加，这种应力状态将逐渐发展，中心部位金属的外力方向的压应力渐小，而其他两个方向上的拉应力增大，也就是其应力状态中的拉应力成分变大，其中横向拉应力最大，是导致中心撕裂的主要应力分量。

27.2.2　斜轧实心管坯时中心撕裂的机理

孔腔形态因斜轧方式不同而有所不同，二辊斜轧时易出现中心孔腔，三辊斜轧则易出现环形孔腔。

按照位错理论，塑性变形的发展过程是位错不断产生和滑移的过程。断裂的发展过程则是位错不断积聚和消失的动态过程。金属屈服后，位错运动过程中受到阻碍而堆积，形成应力集中。当该集中的应力被及时释放，则可避免断裂的发生，塑性变形可持续进行下去，如果集中应力未被及时释放，则只能通过裂纹的出现来加以松弛。管坯斜轧穿孔时同样存在上述过程。

从提高塑性的角度看，静水压力越大越有利，体应力状态图中三向压应力图最好，两压一拉次之，两拉一压更次之，三向拉应力最差。

计算机数值模拟结果表明，塑性变形首先从接触表面开始，随着变形量的增加，塑性变形不断向内部深透，等效应变 ε 在截面内的分布明显不均匀，各点的等效应变 ε 随着轧制过程单调递增。轧件各横截面中心点的轴向应变 ε_z 为拉伸应变，且与第一应变主方向完全重合，而径向应变 ε_y 和横向应变 ε_x 为压缩应变，且以轧件每旋转半圈为一个周期，呈现出应变的交变形态。主变形状态图是两向压缩一向拉伸。轧件截面中心点的平均应力 σ_m 始终为拉应力，边缘部位的平均应力 σ_m 基本为压应力。斜轧实心坯的撕裂出现于中心部位，是因为直接作用区和间接作用区的平均应力 σ_m 相差很大，表层附近尽管塑性变形达到最大值，但该区域的平均应力 σ_m 为压应力，因此该区域的静水压力大塑性好，不宜开裂。而在中心区域塑性变形虽然很大，但平均应力 σ_m 是拉应力，致使该区域塑性低，容易出现开裂。此外，中心区域产生应力集中不易受到塑性变形过程的释放，将导致裂纹出现和发展，最终形成孔腔。

27.3　采用 ϕ50mm 二辊斜轧立式穿孔机的孔腔效应实验

27.3.1　实验材料和设备

（1）实验材料。实心圆管坯，直径为 40mm、长 250mm，材质：45 钢（本实验可选用 L1 或 Pb2 作为试样材料，不加热），数量 1 支/组。

（2）实验设备。

1）ϕ50mm 二辊卧式斜轧穿孔机，数量：1 台。轧机参数见表 27-1。二辊斜轧穿孔机如图 27-5 所示，穿孔机工作机座及变形工具布置如图 27-6 所示。

表 27-1　二辊卧式斜轧穿孔机主要技术参数

辊径 D_g/mm	轧辊锥角 β/(°)	后台长度/m	轧辊转速 n_g/r·min^{-1}	送进角 α/(°)	最大轧制力 P_{max}/kN	电动机额定功率 N_e/kW
500	$\beta_1 = \beta_2 = 3$	3.6	0~60~120	8~16	784	50×2

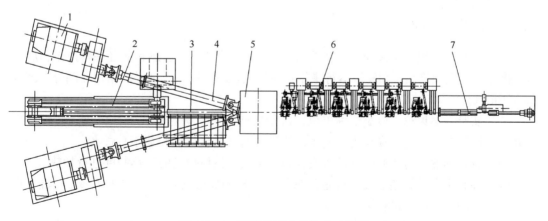

图 27-5　二辊斜轧穿孔机构成示意图

1—主电机；2—推料装置；3—前台受料槽；4—万向接轴；5—工作机座；

6—抱杆机构；7—顶杆移动机构

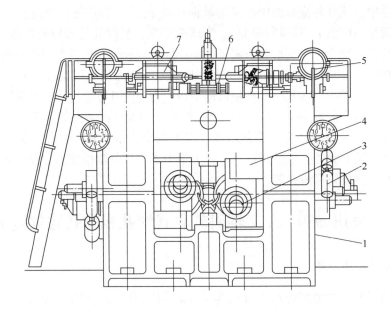

图 27-6　穿孔机工作机座及变形工具布置图

1—机架；2—侧压机构；3—轧辊；4—转鼓；5—转鼓传动机构；6—上导板调整装置；7—压鼓器

2）实验箱式炉，数量：1 台，技术参数见表 27-2。

表 27-2　实验箱式炉技术参数

型　号	额定功率/kW	额定温度/℃	额定电压/V	相　数	工作区尺寸/mm×mm×mm
SX2-10-12	10	1200	380	3	400×250×160

（3）其他辅助设施。夹钳 2 副/组，石棉手套 2 副/组，缓冷沙盘一个，钢皮尺 1 把/组，砂轮锯 1 台，线切割机 1 台（或带锯 1 台），落地砂轮机 1 台，金相砂纸若干，金相抛光机 1 台/组，普通金相显微镜 1 台/组。

27.3.2　实验方法与步骤

（1）分组。每组以 4 人为宜，在轧制阶段，4 人分别负责加热和前台进料操作、后台出料操作、轧机调整操作和轧机运行操作；在检测阶段共同完成试样的锯切、剖分、磨样和检测记录。

（2）实验方案讨论。以小组为单位，讨论实验方案，确定管坯加热温度、轧辊开口度 B_{ck}、导板开口度 L_{ck}、穿孔机送进角、轧辊转速（轧卡实验转速不宜过高）。

（3）管坯加热。将实心管坯放入实验箱式炉内，按所设定的加热制度进行加热。

（4）穿孔机参数调整。按所设定的参数对轧机的轧辊转速 n_g、送进角 α、轧辊开口度 B_{ck} 和导板开口度 L_{ck} 进行调整设定。

（5）轧制。启动穿孔机主电机，将加热至出炉温度的管坯从实验箱式炉中取出，置于前台受料槽中，启动后台辊道，由前台推料装置将管坯送入变形区轧制。

（6）停车取料。由于管坯较短，应严格注意管坯螺旋前进的速度，不可轧完整根坯料，一旦坯料头部轧出变形区，立即将主电动机停车，使管坯处于轧卡位置，并将后辊道关停，迅速打开侧压进装置和导板，取出管坯，置于沙盘中冷却至室温。

（7）试样制备。观察管坯外形和前端孔腔情况，用石笔将冷却后的管坯进行有效变形区的划分，用砂轮锯将管坯头部的多余长度切除。将管坯置于线切割机或带锯上，由头部至尾部进行剖分切割，切割至管坯在穿孔准备区的 1/2 位置即可，再横切出剖面，如图 27-7 所示。

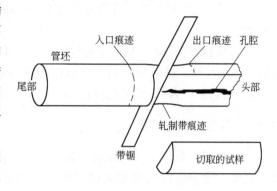

图 27-7　管坯试样剖切方法示意图

将带有孔腔的试样在砂轮机上进行适当磨削，并在金相砂纸上加以打磨，直至孔腔形态能够完整显现为止，再将试样进行金相抛光。

（8）孔腔观察。将试样置于金相显微镜下，观察孔腔尾端的金属组织形态，是否出现疏松状组织，并对疏松状态加以记录。同时对整个孔腔的形态加以观察并记录。

（9）测定计算临界压缩率 ε_{lj}。

（10）实验现场的收尾工作。

（11）孔腔形成的分析。根据所记录的数据和组织形态描述进行孔腔形成及其发展过程的分析，阐明其形成机理，并讨论孔腔形成的影响因素，完成实验报告。

27.4　采用 ϕ130mm 实验轧机的孔腔效应实验

本实验适用于不具备小型斜轧穿孔机的场合。实验设备为 ϕ130mm 实验轧机，该轧机齿轮传动系统经改造，可使上下轧辊同向旋转，从而可以进行横轧实验。用于本实验的辅助装置为导板调整装置，其构成如图 27-8 所示。

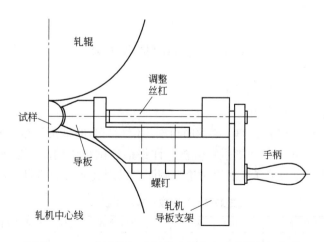

图 27-8　采用 ϕ130mm 实验轧机进行孔腔效应实验的导板调整装置示意图

27.4.1　实验材料和设备

（1）实验材料。实心圆管坯，直径为 30mm、长 15mm，材质为 L1 或 Pb2，数量 2 支/组。

（2）实验设备。ϕ130mm 实验轧机，数量 4 台，各轧机入口和出口端均带有导板调整装置，导板尺寸：圆弧半径 R_b = 15mm，导板厚度为 20mm，导板宽度为 30mm。

（3）其他。游标卡尺 1 把/组。

27.4.2　实验方法与步骤

（1）分组，每组 4 人，分别负责轧机运行和压下调整、轧机前后导板的调整、试样状态观察；检测阶段共同完成试样的尺寸测量、孔腔形态的观察，分析讨论以及数据记录。

（2）讨论确定总变形量、轧辊转速和压下速度，确定两种轧制方案。

（3）将导板调整装置按图 27-8 所示安装到位，将轧辊开口度调整至 30mm，导板开口度调至最大，放入试样一件。按方案一进行实验。

（4）将前后导板同时推进，使轧件位于轧机中心线上，注意导板将轧件适度夹持即可，不可将轧件压得过紧。

（5）以最低转速开启轧机。带有变频调速装置的轧机可缓慢升速，以最高转速不超过 60r/min 为宜。

（6）调整压下装置，使轧件获得减径变形，同时注意缓慢推进两侧导板，使导板开口度与轧件减径量同步，对轧件进行有效夹持而不窜动。直至观察到孔腔出现，将轧辊抬起并停车。

（7）打开导板，取出试样。

（8）放入第二件试样，按方案二进行试验。操作同上。

（9）量取试样尺寸、观察并描述试样的孔腔形态，分析孔腔形成过程。

（10）实验现场清理。

（11）完成实验报告。

27.5　实验报告要求

（1）阐述实验目的和实验原理。

（2）叙述实验过程和步骤。

（3）数据记录格式按表 27-3，必要时可对组织形态进行图形绘制或拍照。

（4）对表 27-3 所记录的数据进行分析，详细描述试样中的疏松区域的组织形态和孔腔组织形态，并对其间的关联性加以讨论，阐明自己对孔腔形成机理的认识。

表 27-3　孔腔效应实验数据表

试　样	孔腔位置	临界直径	临界压缩率	疏松组织形态描述	孔腔形态描述
1					
2					

思考与讨论

27-1　斜轧穿孔时实际的顶头前压缩率应在哪个区间内，才能保证轧制正常进行，且保证毛管内表面质量良好？

27-2　如何认识孔腔的形成和发展？

27-3　轧辊转速的变化对孔腔的形成有没有影响？

27-4　在现有实验条件下，可采用哪些方法降低孔腔出现的可能性？

27-5　顶头前压下率 ε_{dq} 的确定原则是什么，为什么？

27-6　小组讨论确定的加热制度、变形参数和轧机调整参数的依据是什么？

27-7　管坯的临界压缩率如何测定，临界压缩率对于控制孔腔的形成有何意义？

27-8　斜轧穿孔椭圆度系数应如何控制？

27-9　依你的判断，影响孔腔的最主要因素是什么？

27-10　根据实验结果，何处是穿孔时的最佳顶头位置？

162

实验 28　压力穿孔实验

　　无缝金属管可由轧制或挤压成形获得，热挤压机组、顶管机组和周期式热轧管机组通常采用压力穿孔方式获得毛管。挤压加工的金属件具有变形量大、形状复杂、组织性能良好的优点。挤压方式有正挤和反挤两种基本形式，压力穿孔实质上是一种带杯底的反挤加工。本实验采用反挤的方式对金属锭进行带杯底的穿孔成形，对挤压成形过程中的金属流动和成形形状、穿孔力和穿孔针压入深度之间的关系进行观察和分析，从而掌握有关此类加工形式中金属变形及质量控制的一般规律。

28.1　实　验　目　的

　　通过本实验了解金属管坯带杯底压力穿孔成形过程中金属流动的基本规律以及穿孔力与压入行程之间的关系，通过模具安装、调整以及电脑控制界面的参数设定，熟悉液压万能材料试验机的操作。

28.2　实　验　原　理

　　管材挤压成形、顶管成形、周期式轧管成形等多种加工方法中，带杯底或无杯底毛管均可由挤压法获得。在压力机上用冲杆（穿孔针）实现的压力穿孔属于反挤变形，它可分为开式和闭式两种。如图 28-1 所示，穿孔时多用方坯（少数可用圆锭）或多边形锭。坯料放入挤压筒内，中心部位受穿孔针轴向压入而形成孔洞，实心管坯因此而成为空心毛管，以便后续轧管的减壁变形。这一穿孔过程为无缝管生产的重要环节。被穿孔针挤压出的金属如果刚好充满筒壁与坯料之间的自由空间的压力穿孔为开式穿孔，如果挤压出的金属大于筒壁与坯料之间自由空间的体积时，则为

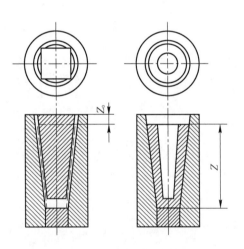

图 28-1　压力穿孔模具配置示意图

闭式穿孔。如果被穿毛管不穿透，则为带杯底毛管，否则为无杯底毛管。随着穿孔针压入，坯料中心部分的金属被径向推出，压向筒壁，直至顶针压至适当深度，挤压出的金属刚好充满筒壁与坯料之间的自由空间，此时的变形延伸系数 $\mu = 1$；若加大压入深度，则 $\mu > 1$，但由于坯料底部处于高的三向压应力状态，并有死区存在，要注意穿孔针端部接触

该区域时会造成挤压力骤增，引起设备故障。穿孔力与压入深度的关系曲线如图 28-2 所示。

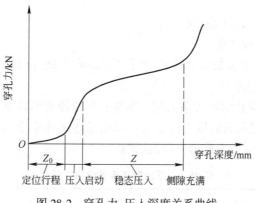

图 28-2　穿孔力-压入深度关系曲线

28.3　实验材料、模具和设备

（1）实验材料。铅制方锭，尺寸为 50mm × 50mm/40mm × 40mm/100mm，数量 2 支/组。

（2）模具。ϕ62mm/48mm/140mm 圆锥形模腔压模组、ϕ30mm×120mm 穿孔针 1 套。

（3）实验设备。2000kN 电液伺服万能试验机 1 台（见图 15-1）；游标卡尺及钢皮尺 1 把/组。

28.4　实验方法与步骤

（1）安装工模具，注意底座水平和模具中心位置。

（2）计算压模模腔体积、方锭体积和穿孔针压入深度。

（3）装料。

（4）开启万能材料试验机，并将计算机控制界面打开，进行穿孔压入速度，行程限定值等参数的设定，完成参数自动记录和曲线绘制对话框中的有关设置。

（5）将压力机上压板调整至适当位置。

（6）穿孔针压入，并记录压力-行程关系曲线。

（7）注意观察试样变形情况。

（8）直至达到压入深度设定值，停止压入，将上压板（穿孔针）升起。

（9）卸料。

（10）取出试样，测量压入深度、毛管长度、锥形尺寸和上端杯口形状，观察毛管表面质量和组织状态，分析其影响因素。

（11）完成实验报告。

28.5　实验报告要求

（1）阐述实验目的和实验原理。

（2）叙述实验过程和步骤。

（3）数据记录格式按表 28-1，必要时可对组织形态进行图形绘制或拍照，完成穿孔力-穿孔深度关系曲线绘制。

（4）根据穿孔力-穿孔深度关系曲线，对穿孔各阶段变形特点和受力特点加以分析。

（5）对表 28-1 所记录的数据进行分析，详细描述试样中金属受挤压变形后的组织形态和外形变化，分析其对毛管成形质量的影响。

表 28-1　压力穿孔实验数据记录表

序号	P_0/kN	Z_0/mm	P_1/kN	Z_1/mm	P_2/kN	Z_2/mm	P_3/kN	Z_3/mm
1								
2								

思考与讨论

28-1　试样经过压力穿孔后，内部金属的流动情况如何？对产品的质量有何影响？

28-2　从所观察到的现象，你认为你所制定的压下量符合充满条件吗？

28-3　穿孔力与穿孔深度的关系曲线说明了压力穿孔过程的什么特点？

实验 29　斜轧滑动系数的测定

斜轧过程由于变形情况尤为复杂，影响因素众多，其变形区运动学参数难以理论计算，因此工程上广泛采用实测法来加以确定。运动学参数关系到轧件的变形速度、变形温度和力能参数等诸多参数的确定，因此对于一定的轧制条件和品种规格，获得斜轧运动学实测参数以及掌握实测的方法具有重要意义。

29.1　实　验　目　的

热轧无缝钢管生产中广泛采用斜轧穿孔，而斜轧为金属压力加工中较为复杂的变形方式。除了穿孔，变形原理相似的还有限动芯棒无缝管斜轧、斜轧均整、斜轧定径以及斜轧扩孔和旋压等加工形式，三辊斜轧系统的无缝钢管机组几乎各个成形工序都是斜轧过程。无论何种形式，它们的运动学原理是一致的。变形区中的滑动系数与斜轧运动学密切相关，并反映了变形区金属流动的特点，同时对轧件的出口速度、生产节奏、工模具消耗和产品质量等均有重要影响。因此，讨论斜轧过程中的运动学问题具有重要意义。通过本实验，应了解斜轧过程中金属的基本变形特点和运动学特点、了解斜轧运动学的各主要影响因素，重点了解顶头的存在对于滑动系数的影响。

29.2　实　验　原　理

斜轧穿孔运动学讨论在给定轧辊转速条件下变形区金属的运动速度。斜轧穿孔机的轧辊轴线相对于轧制线倾斜一前进角 α 和辗轧角 φ，当管坯接触轧辊，在摩擦力作用下，变形区中的管坯-毛管产生螺旋运动。

轧件的螺旋运动参数主要由其切向速度 v_y 和轴向速度 v_x 组成，并与轧辊的切向速度 V_y 和轴向速度 V_x 相关联。

如图 29-1 所示，辊面上任意一点的轧辊圆周线速度 V 为：

$$V = \frac{\pi}{60} D_g n_g \qquad (29\text{-}1)$$

式中　D_g——轧辊上任一点直径，mm；

　　　n_g——轧辊转速，r/min。

轧制过程中，轧辊在 x 和 y 方向上的速度分量 V_x 和 V_y 将传递给管坯，带动管坯前进和旋转。由于变形区内金属产生塑性变形，金属和轧辊接触面间存在相对滑动，而且这种滑动情况因多种因素变化，使得速度分析过程非常复杂。因此，工程上

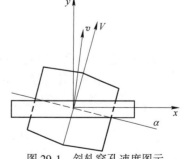

图 29-1　斜轧穿孔速度图示

采用一种关联参数，即轴向滑动系数 η_x 和切向滑动系数 η_y 来表示轧辊表面各点与管坯在该点速度之间的差异，如此可将管坯的轴向速度 v_x 和切向速度 v_y 分别表示为：

$$v_x = V_x \eta_x = V \eta_x \sin\alpha$$
$$v_y = V_y \eta_y = V \eta_y \cos\alpha \tag{29-2}$$

将出口截面的有关参数代入，则出口截面的速度分量为：

$$v_{xch} = \frac{\pi}{60} D_{ch} n_g \sin\alpha \eta_x$$
$$v_{ych} = \frac{\pi}{60} D_{ch} n_g \cos\alpha \eta_y \tag{29-3}$$

$$n_{pch} = \frac{D_{ch}}{D_m} \cos\alpha \eta_y \tag{23-4}$$

$$Z_{ch} = \frac{\pi}{n} D_m \tan\alpha \frac{\eta_x}{\eta_y} \tag{29-5}$$

式中　v_{xch}——毛管轴向出口速度，mm/s；

v_{ych}——毛管切向出口速度，mm/s；

n_{pch}——毛管出口转速，r/min；

Z_{ch}——毛管出口螺距，mm；

η_x——轴向滑动系数；

η_y——切向滑动系数；

D_m，D_{ch}——毛管外径和出口截面辊径，mm。

　　作为体现轧件和轧辊之间速度关联性的重要参数，在穿孔和其他斜轧的速度计算中，轴向滑动系数 η_x 和切向滑动系数 η_y 首先需要加以确定。然而斜轧穿孔变形区中的金属滑动情况极为复杂，目前对 η_x 和 η_y 值只能估算或实测。大量实测数据表明，切向滑动系数 η_y 接近于 1，因此工程计算中可取 $\eta_y \approx 1$。轴向滑动系数 η_x 值用实测法确定，也可用经验公式估算。测出穿孔后毛管长度 L_m 和实际纯穿孔时间 τ_{ck}（从管坯被咬入开始到毛管尾部脱离轧辊的时间），按式（29-6）计算轴向滑动系数 η_x 值。

$$\eta_x = \frac{\tau_{li}}{\tau_{ck}}$$
$$\tau_{li} = \frac{L_m + l}{\frac{\pi}{60} D_{ch} n_g \sin\alpha} \tag{29-6}$$

式中　τ_{li}——理论纯穿孔时间，s；

l——穿孔变形区长度，mm。

η_x 值的估算用经验公式：

$$\eta_x' = 0.68 \left(\ln\alpha + 0.05 \frac{D_m}{D_t} \varepsilon_{dq} \right) f \sqrt{n} \tag{29-7}$$

式中　α——前进角，(°)；

D_m，D_t——毛管外径与顶头直径，mm；

ε_{dq}——顶头前压缩率, %;

n——轧辊数, 二辊穿孔机 $n=2$, 三辊穿孔机 $n=3$;

f——金属与轧辊间的摩擦系数, 对于钢轧辊 $f=K_1 K_2 (1.05-0.0005t)$;

K_1——考虑轧辊圆周线速度影响的系数, 如图 29-2 所示;

K_2——考虑轧件化学成分对摩擦系数影响的系数, 见表 29-1;

t——轧件温度, ℃。

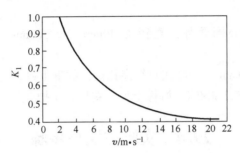

图 29-2 轧辊圆周速度对摩擦系数的影响

表 29-1 几种钢号的 K_2 值

钢号	Q235	20	40	T10	Y12	Y20	Y40Mn	30CrMnSi	Cr18Ni9	80Mn14Ni3	GCr15
K_2	1.0	0.95	0.88	0.82	0.85	0.80	0.7	0.80	0.85	0.85	1.1

常规条件下金属纵轧时, 其变形区中将同时存在前滑区和后滑区, 而斜轧穿孔时多数情况下为全后滑。由图 29-3 可见, 有关资料实测的轴向滑动系数 η_x 沿变形长度上均小于 1, 并且各截面的 η_x 变化很大。

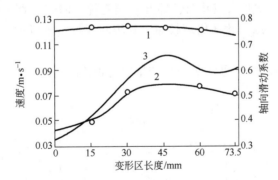

图 29-3 v_x、V_x 和 η_x 沿变形区长度上的变化

1—轧辊轴向速度 V_x; 2—金属轴向速度 v_x; 3—轴向滑动系数 η_x

$\eta_x<1$ 的主要原因是顶头的存在。斜轧穿孔时后滑区随顶头阻力增加而变大, 然而只要不发生轧卡, η_x 再小, 轧件依然能够通过自动调整后滑区大小, 以足够的摩擦力来克服顶头阻力、导板阻力等其他运动阻力。

由于轴向滑动系数对产品质量、机组能力、能耗和工具消耗均有影响, 因而比切向滑动系数更为重要。影响轴向滑动系数的因素有轧制速度、延伸系数、管坯直径、摩擦条件、轧件温度、工具形状尺寸、顶头位置、前进角大小等。这些因素的影响规律可归纳为：凡有利于轧件轴向曳入和减小顶头及导板对轧件运动阻力的所有措施，均能提高穿孔效率和改善咬入条件。

29.3　实验材料和设备

（1）实验材料。实心圆管坯，直径为 40mm、长 300mm，材质：Pb2 铅，数量 1 支/组。

（2）实验设备。φ50mm 二辊卧式斜轧穿孔机，数量 1 台。轧机参数见表 27-1。

（3）其他。帆布手套 2 副/组，游标卡尺、卷尺各 1 把/组，秒表 1 只/组。

29.4　实验方法与步骤

（1）分组。每组以 4 人为宜，在轧制阶段，4 人分别负责前台推料操作、后台出料操作、轧机运行操作和时间测定；在检测阶段共同完成试样尺寸量取和测定记录。

（2）实验方案讨论。以小组为单位，讨论实验方案，确定穿孔变形量 ε_{ck}、顶头前压缩率 ε_{dq}、顶头尺寸 D_t 和顶头前伸量 c、轧辊开口度 B_{ck}、导板开口度 L_{ck}、穿孔机送进角 α 和轧辊转速 n_g。

（3）穿孔机参数调整。按所设定的参数对轧机的轧辊转速 n_g、送进角 α、轧辊开口度 B_{ck} 和导板开口度 L_{ck} 进行调整设定，安装顶头并将其在变形区中调整到位。

（4）轧制。启动穿孔机主电动机，将管坯置于前台受料槽中，启动后台辊道，前台推料装置将管坯送入变形区轧制。毛管轧出时，注意抱杆机构逐次打开。

（5）时间测定。一次咬入成功时，即开始测定纯轧时间，直至管坯尾部离开轧辊为止，停表记录纯轧时间 τ_{ck}。由于管坯较短，轧辊转速设定不可过高。毛管轧出后，顶杆后退，卸下顶头，取下毛管。

（6）计算变形区长度 l（见图 29-4）和量取毛管长度 L_m。

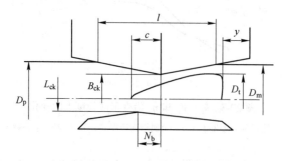

图 29-4　斜轧穿孔变形区参数示意图

（7）前滑系数计算和滑动系数影响因素分析。对所记录的数据进行分析，按原理所述公式计算轴向滑动系数 η_x，并按经验公式计算轴向滑动系数，本实验摩擦系数 $f = 0.3$，比较实测值和经验计算值的差异；阐明斜轧穿孔运动学特点，并讨论滑动系数的影响因素，完成实验报告。

29.5　实验报告要求

（1）阐述实验目的和实验原理。

（2）叙述实验过程和步骤。

（3）数据记录格式按表 29-2。

（4）对表 29-2 所记录的数据进行分析，描述试样穿孔变形后的外形变化，若毛管有穿孔缺陷一并加以描述。

表 29-2　滑动系数测定数据记录表

ε_{ck}	B_{ck}	L_{ck}	D_t	c	ε_{dq}	α	n_g	l	L_m	τ_{ck}	τ_{li}	η_x	η_x'

思考与讨论

29-1　为什么二辊斜轧穿孔的变形区内 η_x 大部分小于 1？

29-2　滑动系数的测定有何实际意义？

29-3　可采用哪些途径提高斜轧穿孔效率？

29-4　为什么切向滑动系数 $\eta_y \approx 1$？

29-5　讨论影响轴向滑动系数的影响因素，阐明其基本影响规律。

29-6　若要提高轴向滑动系数，可采用哪些调整措施？

29-7　量取毛管头、尾和中间位置的外径，讨论其差异，并分析这三部分在穿孔时的滑动系数差异。

实验 30　斜轧穿孔附加变形实验

管坯在斜轧穿孔过程中存在两种变形，一种称为基本变形，另一种称为附加变形。基本变形是在斜轧穿孔机的所有变形工具及其调整作用下，管坯成为毛管的宏观尺寸变化。斜轧的主要附加变形有扭转变形、纵向剪切变形、横向剪切变形和管壁塑性弯曲变形四种。本实验通过斜轧穿孔实际操作，对上述附加变形的形成过程、特点、影响因素以及对毛管质量的影响进行讨论和分析。

30.1　实 验 目 的

斜轧穿孔时所产生的附加变形是由复杂变形条件所造成的内在有害变形，它会增加能耗和工具消耗，引起附加应力导致毛管内外表面以及内部缺陷。因此，生产中人们力求减少附加变形。本实验的目的在于了解各种附加变形形成的机理和影响因素，掌握分析研究附加变形的方法和减小附加变形的手段。

30.2　实 验 原 理

斜轧穿孔设备及工具构成决定了穿孔变形过程的复杂性。管坯受带有送进角和辗轧角的轧辊曳入作用下，形成螺旋轧制状态。轧辊的外形及其与轧件接触的非同时性可导致附加扭转变形。同时，导板和顶头对管坯的旋转和前进形成阻力，可导致管坯内部的横向剪切和纵向剪切变形。轧辊和导板开口度配合所构成的变形区椭圆度系数将导致毛管管壁的反复弯曲变形。

30.2.1　扭转变形

扭转变形是指管料在变形区中各截面间产生的相对角位移。轧辊直径沿变形区长度方向上变化，摩擦导致轧件各截面转速不一，轧制带处的转速快于其他部分，因而形成附加扭转变形。过大的附加扭转变形可导致毛管表面产生缺陷或原有缺陷扩大，如原有纵裂经扭转变形而形成螺旋外折等。现有的锥形辊穿孔机轧辊辊面速度比较符合穿孔时金属切向流动规律，可减少扭转，提高毛管质量。采用三辊斜轧穿孔时扭转变形很小。

附加扭转变形如图 30-1 所示，可用 ψ 来表示扭转变形程度：

$$\tan\psi = \frac{m}{L} = \frac{R_m\phi}{L} \tag{30-1}$$

式中　ϕ——相对于原始位置的转角，rad；

　　　ψ——扭转螺旋线斜角，(°)；

L——测量角 ϕ 和 ψ 值区段的长度，mm；

R_m——毛管半径，mm。

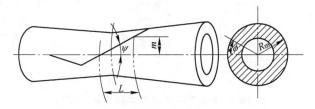

图 30-1　斜轧穿孔时的附加扭转变形

30.2.2　纵向剪切变形

纵向剪切变形是指毛管内外层金属沿纵向的相互剪切，如图 30-2 所示。由实验试样可见外层金属流动快于内层，各层间沿纵向互相剪切。

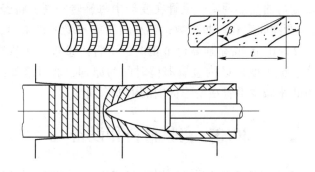

图 30-2　斜轧穿孔时的附加纵向剪切变形

纵向剪切变形用 β 表示。β 角越大，则纵向剪切变形越大。

纵向剪切变形产生的原因是轧辊对管坯外表面的主动轴向曳入和顶头对轧件内表面的轴向阻滞。工具的动力条件使得管壁各层的轴向流动产生差异，并产生剪切变形和附加剪切应力，从而可导致毛管产生表面缺陷，比如低塑性合金管的横裂缺陷。工艺上可采用顶头润滑等方法来减少顶头轴向阻力，从而改善纵向剪切变形。

30.2.3　横向剪切变形

横向剪切变形是指毛管内外层金属沿横向产生的相互剪切，如图 30-3 所示。由实验试样可见外层金属流动快于内层，各层间沿横向互相剪切。并且内外表层金属出现较大变形，切向流动角速度大于中间过渡层，原有直线形状的纤维产生弯曲，弯曲程度随减壁量增加而变大。

横向剪切变形一般以 0.5 壁厚处纤维的切线与径向线之间的夹角 γ 来表示，如图 30-3（d）所示。

横向剪切变形可造成毛管纵裂、内外折和分层缺陷。分层缺陷多半是靠近内外表面（离内外表面约 $0.2S_\mathrm{m}$ 处），而厚壁管的分层缺陷常出现在内层。工艺上采用主动顶头和减小扩径量可改善横向剪切变形。

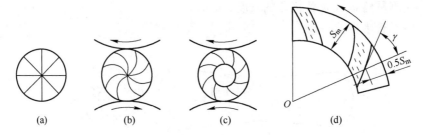

图 30-3　斜轧穿孔时的附加横向剪切变形
（a）组合试样；（b）坯料横轧；（c）穿孔；（d）毛管管壁

30.2.4　管壁反复塑性弯曲

管壁反复塑性弯曲是指在变形区中，尤其在穿孔区和辗轧区，因椭圆孔型所造成的毛管螺旋前进中管壁反复弯曲变形现象。毛管在变形中每旋转一周，将经受 $2n$ 次反复塑性弯曲（n 为轧辊数）。弯曲曲率和弯曲次数达到材料所能承受的极限时，则出现裂纹。当毛管壁厚系数大于 0.22~0.35 或穿制高合金钢时，毛管内壁极易出现纵裂和内折。工艺调整中以小弯曲曲率、减少变形区内金属滞留时间为原则，通过诸如减小孔型椭圆度系数、加大前进角等方式来减少毛管在变形区内的附加弯曲变形。

30.3　实验材料和设备

（1）实验材料。硬质彩色油黏土若干，放入模具中制成试样，其尺寸如图 30-4 所示，其中 a、b 部分采用不同颜色油黏土。试样 1 和试样 2 数量各为 1 件/组。

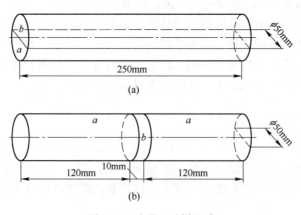

图 30-4　油黏土试样尺寸
（a）试样 1；（b）试样 2

（2）实验设备。ϕ50mm 二辊斜轧立式穿孔机，数量 1 台。轧机参数见表 27-1。顶头直径 $D_t = 30$mm。

（3）其他。卷尺、钢皮尺、量角器和美工刀各 1 件/组。

30.4　实验方法与步骤

（1）分组，每组 4 人。在轧制阶段，4 人分别负责轧机调整和工具安装、前台送料、后台出料操作、轧机运行操作；在检测阶段共同完成试样尺寸量取和测定记录。

（2）以小组为单位讨论变形区调整参数 B_{ck}、L_{ck}、顶头前伸量 c、轧辊转速 n_g、送进角 α 值。

（3）取 $D_t = 30\text{mm}$ 顶头一只，装于顶杆之上，将各轧机和工具调整至上述各个参数值。

（4）取试样 1 一个，启动轧机，将试样 1 由前台受料槽送入变形区。试样自后台轧出后，停止轧机，顶杆适当回退，卸下顶头，取出试样，置于工作台上等待测量。

（5）取试样 2 一个，再次启动轧机，操作同上。取出试样 2，置于工作台上。

（6）量取试样外形尺寸，观察试样 1 外圆上油黏土分界线的变形情况，用量角器量取 ψ 值，或量取 L 和 m 后计算 $\psi = \arctan(m/L)$ 值。

（7）用美工刀将试样 1 横剖，观察其横截面上油黏土分界线所显示的附加横向剪切变形，量取横向剪切变形角 γ。

（8）用美工刀将试样 2 全长纵剖，观察其纵截面上油黏土分界线所显示的附加纵向剪切变形，量取纵向剪切变形角 β，或量取壁厚 S_m 和 t 值后计算 $\beta = \arctan(t/S_m)$ 值。

（9）将上述各记录数据填入表 30-1 中。

（10）完成实验现场清理工作。

（11）对表 30-1 所记录数据进行分析讨论，完成实验报告。

表 30-1　附加变形实验数据记录表

附加变形	测量值	测量值	计算公式	计算结果	分析说明
扭转变形	$L =$	$m =$	$\tan\psi = m/L$	$\psi =$	
横向剪切	$\gamma =$			$\gamma =$	
纵向剪切	$t =$	$S_m =$	$\tan\beta = t/S_m$	$\beta =$	
反复弯曲	观察外表面裂纹状态				

30.5　实验报告要求

（1）阐述实验目的和实验原理。

（2）叙述实验过程和步骤。

（3）数据记录格式按表 30-1。

（4）对表 30-1 所记录的数据进行分析，将分析结论填入表格，并描述经附加变形后的外观变化和毛管的穿孔缺陷。

思考与讨论

30-1　附加变形产生的原因有哪些？

30-2　工具形状尺寸和调整参数对附件变形如何产生影响？

30-3　各附加变形将会对钢管造成哪些质量问题？

30-4　为了避免过大的附加变形的出现，管坯自身属性以及管坯和工具接触条件方面可以有哪些改善？

30-5　沿毛管全长上的附加变形有何不同？试分析造成这种差异的原因。

30-6　讨论附加变形表征方法的合理性，并提出合理建议。

实验 31　管材空拔缩径变形规律

空拔是管材冷加工的主要成形方法之一，其主要作用是减径，此法大量用于无缝钢管、铜管等管材的冷加工。缩径是指管材经空拔后，其外径小于模孔孔径的现象。这一现象将导致管材外径精度难以控制，从而使质量水平下降。本实验将通过不同模具形式和拔制参数的选择，对空拔缩径现象的一般规律及其影响因素加以分析和讨论。

31.1　实 验 目 的

空拔作为钢管冷加工的主要生产方法而受到广泛应用。生产实践和理论验证均表明空拔变形过程中钢管存在缩径现象。缩径现象造成拔制产品外径不确定，对于精密管件尤其如此。因此，研究分析缩径现象及其影响因素就显得尤为重要，掌握空拔缩径影响规律，对于模具的设计、润滑剂的选用、拔制速度的设定均有重要意义。

31.2　实 验 原 理

空拔也称作无芯棒拔制，是一种最为简单的拔管方式，拔制时所用的工具只是一个拔管模。空拔的主要模具形式有锥形外模和弧形外模两种（见图 31-1），其变形区分作减径区和定径区两个区域（见图 31-2）。拔管时钢管各横截面依次通过模孔的各部分，在通过入口部分时，钢管直径逐渐受到压缩，进入定径带后钢管进行定径。

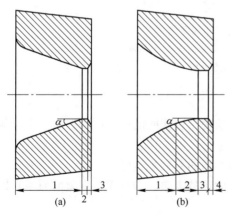

图 31-1　冷拔外模的两种形式

（a）锥形外模；（b）弧形外模

1—入口锥；2—圆弧段；3—定径段；4—出口锥

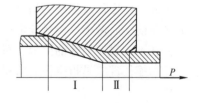

图 31-2　空拔变形区图示

Ⅰ—减径区；Ⅱ—定径区

如图 31-3 所示，在拔制力的作用下钢管和模具接触，a—a 截面上的钢管直径为原始直径，b—b 截面上的钢管直径定义为模孔定径带直径 d_0。但实际上，空拔钢管的变形开始于与模壁接触之前，并当钢管离开模孔入口锥进入定径带后，仍继续有一定程度的减径变形。图 31-4 所示为 $\phi35\text{mm} \times 3.5\text{mm}$ 的低碳钢管，用锥角为 $10°$、$20°$ 和 $30°$，模孔直径分别为 22mm 和 24mm 的锥形空拔模拔制时，在拔卡试样上测得的变形区钢管尺寸变化曲线。从曲线可见，空拔过程中，钢

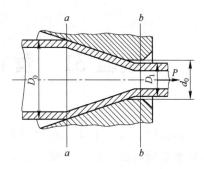

图 31-3 空拔变形过程示意图

管开始接触模壁之前，其直径已经略有减小，壁厚已经略有增加，这说明变形已经开始。当钢管离开入口锥进入定径带之后，钢管直径继续略有减小，壁厚也略有减薄，说明还有一定程度的变形存在。在生产中空拔后钢管的直径往往不等于而是略小于定径带模孔的直径，说明了后一种的变形现象确实存在。

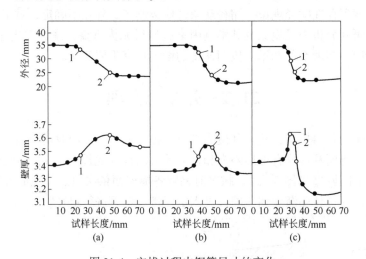

图 31-4 空拔过程中钢管尺寸的变化
（a）锥角 $10°$，模孔直径 24mm；（b）锥角 $20°$，模孔直径 22mm；（c）锥角 $30°$，模孔直径 24mm
1—与模壁接触；2—与模壁分离

因此，按变形过程钢管与模壁接触的情况可以认为，空拔时的变形区一般由一个接触变形区及前、后两个不接触变形区所构成。

存在不接触变形区的原因，可用金属材料的最小弯曲半径来解释。

所谓缩径现象是指空拔后管材外径略小于模孔内径的现象。造成缩径现象的原因有以下几种。

（1）金属流动惯性。实践表明，拔制速度加大可导致缩径量增大。

（2）最小弯曲半径。不同壁厚和材质具有不同的最小弯曲半径，其值越小，缩径值越小。通常，壁厚系数 $\nu_0 = 10\% \sim 15\%$ 时，缩径有最大值。同时，模具类型对缩径也有所影响，弧形外模缩径量较小，见表 31-1。

表 31-1　弧形外模缩径量

来料壁厚 S_0/mm	缩径量/mm
2~5	0.03~0.04
>5	0.04~0.09

缩径量计算的经验公式为：

$$D_1 = \left(1 + \frac{1.1\sigma_s}{E}\right)\left[d_t - (2R - S_1)(1 - \cos\alpha) + k\right] \tag{31-1}$$

式中　D_1，S_1——拔后外径和壁厚，mm；

σ_s——材料的屈服强度，MPa；

E——材料的弹性模量，MPa；

d_t——模孔直径，mm；

R——材料最小弯曲半径，mm；

α——外模锥角，(°)；

k——模具材质系数，硬质合金模 $k = 0$，钢模 $k = 0.05 \sim 0.1$。

上述内容表明，空拔缩径影响因素众多。本实验将以其中的外模锥角、拉拔速度作为主要影响因素，采用普通 20t 单链冷拔机，对空拔缩径现象进行分析讨论，从而得出这些因素的影响规律。

31.3　实验材料和设备

（1）实验材料。φ20mm×2.0mm×1500mm 无缝钢管，材质：20 钢；数量：4 支/组，钢管为退火状态，均经过外厂磷化皂化及锤头处理。

（2）实验设备。20t 链式冷拔机 1 台。

（3）其他。游标卡尺 1 把/组，卷尺 1 把/组，帆布手套 2 副/组。

31.4　实验方法与步骤

（1）分组，每组 4 人。分别负责拔机操作、模具更换、上料和卸料操作。检测阶段共同完成尺寸量取和分析讨论。

（2）讨论实验方案，确定模具形式、拔制速度各两种。用游标卡尺量取各支钢管的拔前外径并记录。

（3）选取模具形式 1（模具入口锥角 $\alpha = 10°$），装入模座中。

（4）取钢管 1 支，将锤头端由拔机前台穿过模孔，并由后台夹钳夹持。

（5）开启拔机，调整至第一种拉拔速度 v_1。

（6）将挂钩落入链条中，开始拔制，直至钢管被拔出模孔后，拔机停车，开启夹钳，将试样由后台取出，置于工作台上待检测。

（7）取第二支钢管，穿过模孔并由后台夹钳夹持其头部。

（8）开启拔机，调整至第二种拉拔速度 v_2。

（9）重复上述步骤（6）。

（10）更换模具 2（模具入口锥角 $\alpha = 15°$）。

（11）重复上述步骤（4）~（9）。

（12）量取 4 支试样的拔后外径和长度，计算延伸系数，以及各支钢管外径与模孔直径的差值，记录于表 31-2 中。

（13）清理实验现场。

（14）分析模具锥角和拉拔速度对缩径影响规律。

（15）完成实验报告。

表 31-2 缩径实验数据记录表

试样号	模具锥角/(°)	拉拔速度/m·min⁻¹	原始外径/mm	拔后外径/mm	缩径量/mm	相对缩径量/%
1	10					
2	15					
3	10					
4	15					

31.5 实验报告要求

（1）阐述实验目的和实验原理。

（2）叙述实验过程和步骤。

（3）数据记录格式按表 31-2。

（4）对表 31-2 所记录的数据进行分析，并描述减径钢管的外观变化和所产生的表面缺陷。

思考与讨论

31-1 说明空拔变形特点。如何控制尺寸和质量？

31-2 冷拔模具形式有几种，各有何优缺点？

31-3 空拔过程中容易出现哪些质量问题？

31-4 出现缩径现象的主要原因是什么？

31-5 讨论润滑条件、钢管壁厚、管材材质、模具定径带长度、模具材质对缩径量的影响规律。

31-6 生产中可采用哪些手段减少缩径现象？

实验 32　管材空心轧制的壁厚变化规律

热轧无缝钢管热精整的定减径加工为空心轧制变形过程。钢管在孔型中的空心轧制变形条件将会使钢管的壁厚发生变化，从而影响到产品的壁厚精度。尤其是定减径过程中壁厚在孔型特定部位呈现一定规律，往往在辊缝位置出现管壁相对增厚的现象，严重时将导致钢管的内方或六方缺陷。而这种壁厚变化规律与多种轧制条件有关。掌握钢管空心轧制时壁厚的变化规律，对于定减径各道次的变形量分配、张力系数分配以及来料壁厚的确定具有重要意义。本实验将通过单机架孔型中的减径变形来探讨无张力定减径时的变形量和壁厚系数对轧件壁厚变化的影响规律。

32.1　实 验 目 的

在定径、减径和张力减径过程中，钢管在直径压缩的同时，壁厚也发生增壁或减壁变化，这种空心轧制中管壁增减现象受到多种因素影响，给生产工艺的准确制定带来了困难，因此，如何掌握定、减径过程中的壁厚变化规律，对于正确制定、减径工艺，保证产品壁厚精度显得尤为重要。本实验的目的是探讨分析壁厚变化量与减径量及来料壁厚系数间的关系，并由此掌握空心轧制时减径量的分配原则，从而实现壁厚精度控制。

32.2　实 验 原 理

钢管定、减径和张力减径是空心管体不带芯棒的连轧过程，因此在金属流动、张力对轧制过程的具体影响和轧制力能参数等方面都与普通实心件的轧制以及带芯棒管体的轧制有着很大区别。空心轧制时壁厚变化与张力大小、壁厚与外径之比值（s/D 值）以及道次减径量等因素有关。

32.2.1　应力状态分析

定减径时空心钢管受孔型径向压缩，变形区金属受径向应力 σ_r、切向应力 σ_D 和轴向应力 σ_1，如图 32-1 所示。但变形区内纵向和横向截面的 σ_r、σ_D、σ_1 分布都是不均匀的，一般认为，由变形区入口到出口，σ_r、σ_D 逐渐减小，σ_1 逐渐增大。传统方法中忽略切应力 τ_{lr}、τ_{rl}，而现代方法中则考虑。

实际定减径变形分析过程相当复杂。为了便于分析，假设 σ_r、σ_D、σ_1 沿变形区均匀分布并等于这些应力的平均值。

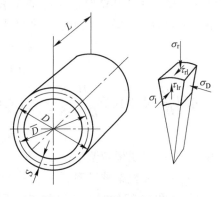

图 32-1　定减径时应力状态

32.2.2　定减径时的变形

根据塑性变形的基本假设：在某一方向上的真应变与该方向上的偏差应力成正比，即

$$(\sigma_{li}-\overline{\sigma}_i):(\sigma_{Di}-\overline{\sigma}_i):(\sigma_{ri}-\overline{\sigma}_i)=e_{li}:e_{Di}:e_{ri} \tag{32-1}$$

$$e_{li}=\ln\frac{l_i}{l_{i-1}}=\ln\mu_i$$

$$e_{Di}=\ln\frac{D_i-S_i}{D_{i-1}-S_{i-1}}$$

$$e_{ri}=\ln\frac{S_i}{S_{i-1}}$$

式中　σ_{li}，σ_{Di}，σ_{ri}——i 架的轴向、切向和径向应力，MPa；

$\overline{\sigma}_i$——i 架的平均应力，其值为 $\overline{\sigma}_i=\sigma_{li}+\sigma_{Di}+\sigma_{ri}$，MPa；

e_{li}，e_{Di}，e_{ri}——i 架的轴向、切向和径向真变形；

D_{i-1}，D_i——i 架轧后和轧前的钢管外径，mm；

l_i，l_{i-1}——i 架轧后和轧前的钢管长度，mm；

S_i，S_{i-1}——i 架轧后和轧前的钢管壁厚，mm；

μ_i——i 架延伸系数。

按体积不变定律，三个真变形的关系为 $e_{li}+e_{Di}+e_{ri}=0$。

将塑性变形条件 $\sigma_{li}-\sigma_{Di}=K$ 代入 $\overline{\sigma}_i$ 算式，考虑到径向应力 σ_{ri} 的影响：

$$\sigma_{ri}=\sigma_{Di}\frac{S_{i-1}}{D_{i-1}}=\sigma_{Di}\nu_i \tag{32-2}$$

式中　ν_i——i 架钢管的壁厚系数，$\nu_i=\dfrac{S_{i-1}}{D_{i-1}}$。

式（32-2）可改写为：

$$\frac{2Z_i(\nu_i-1)+(1-2\nu_i)}{e_{ri}}=\frac{Z_i(1-\nu_i)+(1+\nu_i)}{e_{li}}=\frac{Z_i(1-\nu_i)-(2-\nu_i)}{e_{Di}} \tag{32-3}$$

式（32-3）称为钢管张力减径变形方程式。此式反映三个真变形比值与平均张力系数 $\overline{Z}_i=(Z_i+Z_{i+1})/2$ 和壁厚系数 ν_i 的关系。当已知 $\overline{Z}_i$ 和 ν_i 时，可求得各真应变的比值，也可在一定减径量下确定张力系数和可达到的减壁量。令

$$\frac{2Z_i(\nu_i-1)+(1-2\nu_i)}{Z_i(1-\nu_i)-(2-\nu_i)}=C \tag{32-4}$$

并以 $\dfrac{D_i}{D_{i-1}}$ 近似代替 $\dfrac{D_i-S_i}{D_{i-1}-S_{i-1}}$　（其误差小于 2%），则式（32-3）可改写成：

$$\varepsilon_{ri}=1-(1-\varepsilon_{Di})^C \tag{32-5}$$

式中　ε_{ri}——i 机架减壁率；

ε_{Di}——i 机架减径率。

当 ε_{Di} 和 Z_i 已知时，式（32-5）可用于求各机架的相对减壁量。

当式（32-4）中 $Z_i = 0$ 时，式（32-5）中的 $C = \dfrac{1-2\nu_i}{2-\nu_i}$，相当于无张力定、减径情形，式（32-5）可用于该情况下的壁厚变化规律分析。

32.2.3　无张力定减径时壁厚变化量的确定

由式（32-5）可见，无张力定减径时决定壁厚变化的主要因素是减径程度 D_c/D_1 和来料壁厚系数 $\nu_1 = S_1/D_1$（D_c 为成品管直径，S_1、D_1 为来料壁厚与外径，当来料为均整荒管时，则 $S_1 = S_j$，$D_1 = D_j$），同时壁厚还和材料的性质有关（如钢种、温度和加工硬化程度等）。

图 32-2（a）为无张力定、减径时有加工硬化时的管壁厚度变化曲线（碳钢和合金钢管）。由图可见壁厚变化的大致规律：$S_1/D_1 < 0.1$ 的薄壁管在任何减径量下都增壁；$S_1/D_1 > 0.35$ 时任何情况均减壁；$S_1/D_1 = 0.1 \sim 0.35$ 范围内，视减径量的大小，可能增厚也可能减薄。实际生产中，S_1/D_1 一般较小，减径量不大的无张力减径均增壁，只有当厚壁管减径时才出现管壁不变或减壁。图 32-2（b）表明小壁厚系数情况下，来料壁厚系数和减径量越大，增壁量越大。

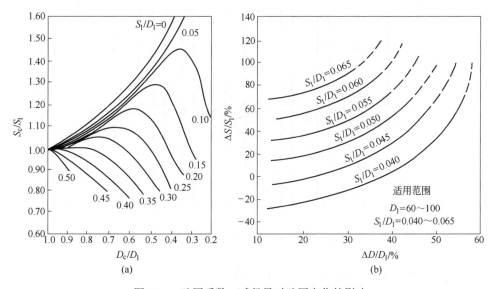

图 32-2　壁厚系数、减径量对壁厚变化的影响

实际生产中可用图 32-2（a）来确定来料壁厚 S_1。先用 S_c/D_1 代替 S_1/D_1 值，由图得到 S_c/S_1 值，即可得到 S_1 值。为了得到比较精确的结果，再由先前求得的 S_1 来确定 S_1/D_1 值，重新由图求出比较精确的 S_1 值。

经验公式也反映了壁厚变化规律，并可确定无张力定减径时的壁厚变化值。碳钢和合金钢的经验公式为：

$S_c < 15\text{mm}$ 时

$$S_c = S_1\left[1 - 0.004(D_1 - D_c)\right] \tag{32-6}$$

厚壁管时

$$S_c = S_1 - \frac{D_1 - D_c}{14.9} \tag{32-7}$$

另一个计算壁厚变化的经验式为：

$$\Delta S = \frac{2(D_1 - D_c)}{D_1} + 0.2S_1 - 0.8 \qquad (32\text{-}8)$$

上述经验公式可用来与实验结果进行比较，必要时可通过实验数据对其进行修正，以使其结果符合生产实际。

本实验将以壁厚系数 ν_i 以及相对减径量 D_c/D_1 两个因素的不同取值，在 $\phi165\text{mm}$ 二辊冷/热轧机上对一组空心管进行等速轧制，通过测量轧后管外径并与来料管径加以比较，分析上述因素对空心轧制过程中壁厚变化的影响。

32.3　实验材料和设备

（1）实验材料。铅管一组，材料：Pb2，尺寸：$\phi30\text{mm}\times3.0\text{mm}\times200\text{mm}$、$\phi30\text{mm}\times5.0\text{mm}\times200\text{mm}$，数量每种规格 1 支/组、每组共 2 支。铅管试样可由挤压实验获得。

（2）实验设备。$\phi165\text{mm}$ 二辊冷/热轧机 1 台，配有 $\phi27\text{mm}$、$\phi24\text{mm}$、$\phi22\text{mm}$、$\phi20\text{mm}$、$\phi18\text{mm}$、$\phi16\text{mm}$、$\phi14.5\text{mm}$ 孔型的轧辊一对，如图 32-3 所示。

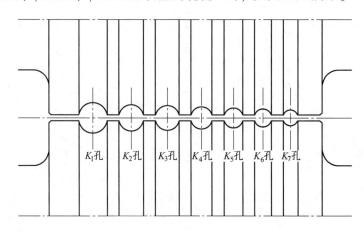

图 32-3　孔型配置示意图

（3）其他。游标卡尺 1 把/组、弓锯 1 把/组。

32.4　实验方法与步骤

（1）分组，每组 4 人，分别负责轧机操作、孔型调整、试样送料和出料操作；数据测定阶段共同完成试样截断和外径及壁厚尺寸的测定、记录和分析讨论。

（2）讨论确定轧制速度和变形方案。

（3）试样编号，开启轧机，并调整辊缝至 5mm。

（4）将 1 号试样送入 K_1 孔，轧出后量取外径 D_1，并由端部量取第一道次轧后的最大与最小壁厚并计算其平均壁厚 S_1（如果端部形状不理想，可适当锯切端部再行量取），记录 D_1 和 S_1。

（5）将试样绕其轴线旋转 90°，将原侧边部位转至孔型底部位置，送入 K_2 孔轧制，轧出后量取外径 D_2，并由端部量取第二道次轧后的最大与最小壁厚并计算其平均壁厚 S_2（如果端部形状不理想，可适当锯切端部再行量取），记录 D_2 和 S_2。

（6）继续上述过程，经 $K_3 \sim K_7$ 孔轧制，直至轧出 K_7 孔。记录 7 个道次管试样的外径和壁厚，格式见表 32-1。

（7）取 2 号试样，重复上述步骤（4）~（6）。

（8）清理实验现场。

（9）绘制壁厚系数、减径量对壁厚变化的影响曲线图。

（10）将数据代入式（32-5）~式（32-8），比较计算值和实测值的差异，并分析讨论。

（11）完成实验报告。

表 32-1 定减径壁厚变化实验数据表 （mm）

K_0	K_1	K_2	K_3	K_4	K_5	K_6	K_7	轧制条件
30×3.0	$D_1 \times S_1$	$D_2 \times S_2$	$D_3 \times S_3$	$D_4 \times S_4$	$D_5 \times S_5$	$D_6 \times S_6$	$D_7 \times S_7$	
30×5.0	$D_1 \times S_1$	$D_2 \times S_2$	$D_3 \times S_3$	$D_4 \times S_4$	$D_5 \times S_5$	$D_6 \times S_6$	$D_7 \times S_7$	

32.5 实验报告要求

（1）阐述实验目的和实验条件以及轧机主要工作参数。

（2）叙述实验过程和步骤。

（3）数据记录格式按表 32-1。

（4）对表 32-1 所记录的数据进行壁厚系数、减径量对壁厚变化的影响曲线图绘制。

（5）将各道次的原始尺寸代入理论公式进行计算，将理论计算值与实测值进行比较分析。

思考与讨论

32-1 实验数据的分布规律说明了什么，分析壁厚变化规律有何实际意义？

32-2 实验数据与按式（32-4）~式（32-8）的计算值有何差异，可对公式做何修正？

32-3 各孔型中轧制时，轧件稳定吗，轧制过程的稳定性对所量取的壁厚精度有何影响？

32-4 如果实验条件允许，你认为应该采用怎样的实验方案比较合理？

32-5 什么是内方现象？试分析其形成的原因。

实验 33　管材反挤压工艺实验

挤压加工具有提高金属的变形能力、制品综合质量高、产品范围广、生产灵活、工艺流程简单、设备投资少等优点，在金属成形加工中广泛使用。挤压加工分正挤和反挤两种基本形式，各有其特点，生产中应根据产品规格品种加以选择。本实验采用反挤方法和采用两种不同模具形式，对两种不同规格的管材进行挤压成形。

33.1　实 验 目 的

本实验用两种不同锥角的挤压模和两种不同挤压比，通过反挤方式对管坯进行挤压实验，讨论不同模具锥角和不同挤压比条件下的挤压力变化和金属流动特点，掌握模具形状及挤压变形程度对挤压力和金属流动的影响，从而有助于挤压工艺制度的合理制定。本实验还可获得定减径壁厚变化规律实验所用的 Pb2 管坯，其断面尺寸为 $\phi30mm \times 3.0mm$ 和 $\phi30mm \times 5.0mm$ 两种。

33.2　实 验 原 理

钢管挤压的一般过程如图 33-1 所示，其中主要包括上料、推入、镦粗、挤压、切压余和模具清理等操作过程。

挤压分为正挤和反挤两种加工方式，正挤设备和模具构成以及操作过程均较简单，而反挤则具有挤压力小、挤压比大、挤压速度高、压余少、精度高等优点。

正挤压是挤压杆运动方向与坯料挤出方向相一致的挤压方式，图 33-2 所示为立式正挤管材工具结构示意图。钢管挤压通常采用正挤方式。

反挤压是在挤压过程中坯料与挤压筒之间无相对运动的挤压。反挤压管材的主要方法有穿孔针法和套轴法两种。图 33-3 所示为立式套轴法反挤管材的过程。

33.2.1　反挤压的流动与变形特征

反挤压具有如下流动与变形特征。

（1）反挤压时金属的变形区紧靠模面，变形区后面的金属不发生任何变形。沿制品长度方向金属流动均匀性优于正挤压。

（2）靠近模面处仅产生一高度很小的金属流动死区，该死区金属几乎不参与变形，直到挤压最后阶段，挤压筒内剩余坯料长度很小时才产生显著的横向流动（此时挤压力增加）。

（3）反挤压制品头尾部变形程度较正挤压的要均匀得多。

（4）反挤压时坯料边部无激烈摩擦而产生的强附加剪切变形。

（5）反挤压时，坯料最表层（小于 2mm）被阻止在模面附近的死区内，而稍深层金属可能直接流入制品表层中，尾端金属无倒流现象。

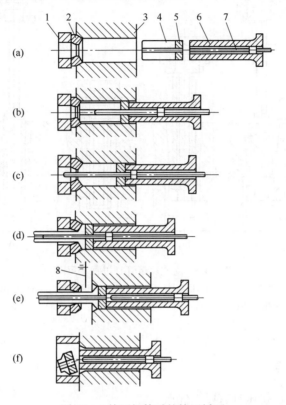

图 33-1　挤压钢管时的挤压循环

（a）上料；（b）推入；（c）镦粗；（d）挤压；（e）压余锯切；（f）压余推出

1—模垫；2—挤压模；3—挤压筒；4—坯料；5—挤压垫；6—挤压杆；7—芯棒；8—锯

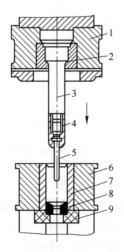

图 33-2　立式正挤管材工具结构示意图

1—挤压轴支座；2—螺母；3—挤压轴；4—穿孔针支座；5—穿孔针；
6—挤压筒；7—挤压筒衬套；8—挤压模；9—支撑环

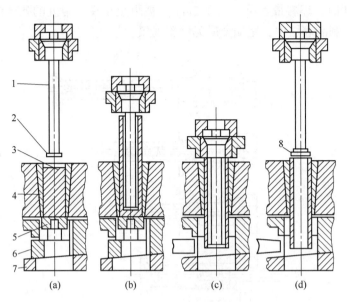

图 33-3 立式反挤管材过程示意图

（a）开始挤压；（b）挤压结束；（c）分离压余和挤压垫；（d）推出管料

1—挤压杆；2—挤压垫；3—坯料；4—挤压筒；5—衬垫；6—滑块；7—底座；8—推料垫

33.2.2 反挤压的优点

与正挤压相比，反挤压具有以下优点。

（1）在相同的挤压条件下，反挤压法由于挤压筒壁与坯料表面之间无相对滑动，不产生摩擦损耗，所需的最大挤压力可比正挤压降低 30%~40%，如图 33-4 所示。

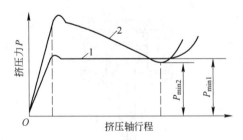

图 33-4 相同条件下正、反挤压法所需挤压力的比较

1—反挤压法；2—正挤压法

（2）可在较低的温度下挤压有较大挤压比的小断面制品，生产效率提高。

（3）所需最大挤压力与坯料长度无关，因而可采用长坯料挤压长制品。

（4）坯料和挤压筒之间不产生摩擦热，而且变形区体积小，变形热小，因而模孔附近制品的温升小，可采用较高的速度进行挤压，制品表面和边角不易产生裂纹。

（5）挤压筒和模具的磨损少，使用寿命长。

（6）沿制品截面上和长度上的变形比正挤压时更均匀，因而制品沿截面和长度上的组织与性能比较均匀，反挤压的成品率高。

（7）反挤压时尾端金属无倒流现象，因而其挤压残料厚度可比正挤压的减少 50% 以上。

（8）制品尺寸精度高。在反挤压过程中，由于金属流动、变形均匀，坯料温度变化小。同时，用空心坯料挤压管材时可采用对中装料工艺，模轴（模支承）始终处于挤压筒内。挤压管材壁厚偏差小，型棒材头尾尺寸变化小。

33.2.3　反挤压的缺点

反挤压的缺点如下。

（1）制品表面质量较差。在反挤压时，由于模面附近的死区较小，坯料外层金属可能直接流向制品表层，形成气泡、针孔、斑点、夹杂等缺陷。因而对坯料表面质量要求很严。反挤压前，坯料必须进行热剥皮（脱皮）或机械车皮。如采用空心坯料，内表面粗糙度和坯料端面切斜度要求均较高。

（2）采用反挤压所生产的制品，其外接圆直径受空心轴（模轴）内腔直径的限制，因而较正挤压的要小 30% 左右。

（3）必须采用专用反挤压机或挤压筒行程大的挤压机，一次投资要比正挤压的高 20%～30%。

（4）装卸工模具比较麻烦，辅助时间长。

33.2.4　反挤压法的选择原则

反挤压法的选择原则为：

（1）实验和经验证明，用反挤压法挤压钢和铣材没有实际性的优越性，而用平模无润滑反挤压铝及铝合金和铜及铜合金的线材、棒材、型材和管材，对于提高制品的组织、性能均匀性一般都是有益的；

（2）对于需要进行润滑挤压的材料，使用反挤压较为有益，这是因为此时只需润滑模子端面；

（3）反挤压特别适用于尺寸精度高、组织细小而无粗晶环的制品和挤压温度范围较窄的硬铝合金管、棒、型、线材的挤压。

33.2.5　反挤压的影响因素与测算

挤压过程中影响金属流动状态和挤压力的因素有挤压方式、挤压比、模具形式、材料的变形抗力、坯料状态、温度、润滑条件、挤压速度、坯料长度等。本实验仅探讨挤压比和模具形式对管材反挤压时挤压力的影响。

通过挤压杆和挤压垫作用在坯料上的外力，称为挤压力 P；挤压垫单位面积上的挤压力称为单位挤压力 p；挤压力所作用的坯料端部面积为 F_p；单位挤压力与变形抗力 σ_s 之比称为挤压应力状态系数 n_σ。

$$P = p \times F_p$$

$$n_\sigma = \frac{p}{\sigma_s}$$

确定挤压力大小的方法分为实测法和计算法两大类。

挤压力的计算可按以下公式。

（1）赛茹尔内（J. Sejournet）公式。

$$P = \frac{\pi}{4}(D_k^2 - D_t^2)\sigma_s \left(\exp\frac{4fL_p'}{D_k - D_t}\right)\ln\lambda \qquad (33\text{-}1)$$

式中　P——挤压力，N；

D_k——挤压筒直径，mm；

D_t——挤压芯棒直径，mm；

λ——挤压比；

L_p'——镦粗阶段结束时坯料长度，按 $L_p' = L_p/\lambda'$ 计算，L_p 为坯料长度，mm，λ' 为镦粗比；

f——金属与模具间的摩擦系数，用玻璃润滑剂时取 $f = 0.02 \sim 0.035$；

σ_s——变形抗力，可参考有关资料查取，MPa。

（2）普罗佐洛夫（Л. В. Прозоров）公式。

$$P = \frac{\pi}{4}(D_k^2 - D_t^2)C\sigma_s \left(1 + f\frac{L_p'}{D_k}\right)\ln\lambda \qquad (33\text{-}2)$$

式中　σ_s——变形抗力，MPa；

C——产品断面形状影响系数，对断面形状简单的型、棒材和光管取 4；对于带小筋的异型管材取 5；对于带高筋的异型管材取 6。

本实验应将实测挤压力和挤压力计算值进行比较。

33.3　实验材料和设备

（1）实验材料。铅制管坯，材质：Pb2，尺寸及数量为 ϕ29mm×90mm×2 支/组、ϕ29mm×130mm×2 支/组。

（2）实验设备。新三思 2000kN 电液伺服万能试验机 1 台，反挤模具 1 套，包括 1 号挤压模（锥形模）和 2 号挤压模（平面模）。

（3）其他。卷尺、钢皮尺、游标卡尺、弓锯各 1 把/组；帆布手套 2 副/组；润滑用机油若干。

33.4　实验方法与步骤

（1）分组，每组 4 人，分别负责试验机操作、模具安装、试样装卸和数据记录，并共同完成挤压比和模具形式对挤压力影响的讨论分析。

（2）讨论确定挤压速度（换算为挤压轴压入速度）、润滑条件。润滑条件可选择 20 号机油、牛油、滑石粉、水溶性石墨四种条件之一。

（3）将试样 ϕ29mm×90mm×2 支编号为试样 1、2；试样 ϕ29mm×130mm×2 支编号为试样 3、4。

（4）将试验机上下模座距离升至最大，将挤压杆支座连同挤压杆组件安装于试验机上模座，挤压筒、挤压筒衬套、1 号挤压模、衬垫和滑块等组件安装于试验机下模座，调整上下模具位置至同轴线。

（5）对挤压筒内壁和试样 1 表面进行润滑，并将试样 1 小头向下放入挤压筒中，并将挤压垫装于挤压杆端部，开启液压试验机，按所设定的压入速度将挤压杆连同挤压垫压入管坯中，直至挤压完毕，记录挤压力随挤压行程的变化曲线。

（6）开启下模座中的衬垫滑块，取出衬垫。

（7）上模继续下压适当距离直至可供压余切除，切除压余，取出挤压垫。

（8）升起上模座，直至顶杆拔出管口。

（9）放上推料垫块，上模座下压，直至将管件推出挤压筒为止，取出试样 1。记录推料力。

（10）按步骤（4）进行模具复位，并更换 2 号挤压模。

（11）取试样 2，重复步骤（5）~（9），得到试样 2 平面模挤压时的挤压力和推料力。

（12）按步骤（4）进行模具复位，取试样 4，重复步骤（5）~（9），得到试样 4 平面模挤压时的挤压力和推料力。

（13）按步骤（4）进行模具复位，并更换 1 号挤压模。

（14）取试样 3，重复步骤（5）~（9），得到试样 3 锥形模挤压时的挤压力和推料力。

（15）按表 33-1 整理实验数据并清理实验现场。

（16）按理论公式计算挤压力并与实测值进行对比，分析讨论实验结果，完成实验报告。

表 33-1 管材挤压工艺实验数据表

试 样 号	挤压力实测值/kN		挤压力计算值/kN	
	模具 1	模具 2	公式（33-1）	公式（33-2）
试样 1				
试样 2				

33.5 实验报告要求

（1）阐述实验目的、实验条件以及液压试验机的主要工作参数。

（2）叙述实验过程和步骤。

（3）数据记录格式按表 33-1。

（4）对表 33-1 所记录的数据进行挤压比、模具形式对挤压力的影响曲线图绘制。

（5）采用理论公式进行计算，并将理论计算值与实测值进行比较分析。

思考与讨论

33-1 反挤压时各阶段金属流动有什么特点？

33-2 挤压时死区形成的原因是什么，它的存在有何利弊？

33-3 为什么反挤压时金属流动的均匀性比正挤压好？

33-4 挤压时影响金属流动的因素有哪些？

33-5 确定挤压力的意义是什么？

33-6 影响挤压力的因素有哪些？

33-7 选用管材挤压力的计算公式需要注意哪些方面？

33-8 与其他热加工方法相比，挤压管材的组织有什么特点？

33-9 挤压模锥角对挤压力有何影响？

33-10 不同挤压比的各阶段挤压力有何不同？

33-11 不同挤压比和模具形式的死区尺寸有何不同？

33-12 试分析挤压力的理论计算值和实测值的差异。

实验 34　型材无槽轧制工艺实验

无槽轧制方式在设备及其操作上具有轧机全水平布置、轧辊形状简单、使用寿命长、工具共用性良好的优点，此外还具有简化轧制过程、生产过程灵活、提高轧机作业率、减少轧辊消耗和降低轧制能耗、降低轧线工人劳动强度等优点。与传统的孔型轧制相比，这种轧制方式辊缝高度可在一定范围内任意调节，只需改变辊缝即可调整轧件的断面尺寸，且轧件受力简化，变形均匀，改善轧材表面质量，对不同坯料和轧制规格适应性强。更换产品规格时不换辊或少换辊，提高轧辊利用率和共用性，缩短停轧时间，提高作业率。平辊轧制时辊面利用率高，轧辊磨损小且均匀。由于平辊无侧壁限制，宽向流动阻力小，动力消耗少，轧制力比常规孔型轧制减少 5% ~ 10%。

无槽轧制工艺的特点在于压下量分配取决于轧制稳定条件、轧件过钢位置灵活、导卫具有易于组合安装并易于横向位置调整的特性。

本实验以 $\phi 130mm$ 实验轧机作为无槽轧制设备，对系列试样进行无槽轧制变形实验，学生需对变形方案进行预先制定，对轧后试样形状尺寸进行测定，并分析讨论各方案的优劣。

34.1　实　验　目　的

通过本次实验，掌握型线材生产中无槽轧制工艺的基本原理和方法，掌握无槽轧制变形方案制定的基本原则，以及导卫装置及其调整对于无槽轧制时轧件形状的作用。熟悉轧机的工作原理。掌握无槽轧制时来料宽高比条件和压下临界条件，并准确预估各道次轧件的宽展量，从而有助于制定合理的压下规程和设定合理的调整参数，能够以最有效的轧制方案得到所需尺寸。

34.2　实　验　原　理

无槽轧制是简单断面型线材的高效轧制方法之一。无槽轧制的关键技术在于宽展量的确定和对临界压下率的掌握。无槽轧制过程或在一对平辊间通过翻钢完成（见图 34-1），或是通过平立交替布置的平辊轧机完成（见图 34-2），均属于平辊轧制，其变形原理相同。

由于在一对平辊间进行轧制，在高度压下的同时，轧件会形成宽展，而宽展量会受到多种因素影响，如道次压下量、变形温度、轧辊直径、轧件来料高度、轧件材质、摩擦条件、张力等。前一轧制道次时因宽展使得轧件宽度增加，该宽度经翻钢将成为后一道次平辊轧制的来料厚度。各道次的压下量均因前一道次的宽展的存在而不易确定，所以，无槽轧制的难点在于如何准确地估算各道次轧件的宽展量，以便后一道次压下量的确定，并最

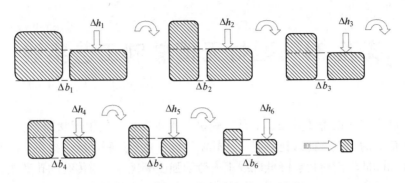

图 34-1 无槽轧制过程中轧件横截面变形示意

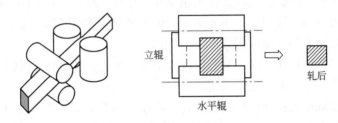

图 34-2 无槽轧制工艺原理图

终达到所需断面尺寸，如图 34-1 所示。

临界压下率是指一定宽高比的轧件在轧制时丧失规则断面的所谓"断面脱方"时的压下率，是无槽轧制过程中必须考虑的重要因素。轧件在平辊间轧制时的形状稳定性受到道次压下率、宽展鼓形率、导卫板夹持程度、轧前宽高比、轧件刚度、轧件头部形状等多种因素影响。在无槽轧制中，上述因素中的轧前宽高比、鼓形率和导卫板夹持程度是值得重点考虑的主要因素。

无槽轧制的道次压下量受咬入条件限制，其最大压下量为：

$$\Delta h_{\max} = D_g \left(1 - \frac{1}{\sqrt{1+f^2}}\right) \tag{34-1}$$

无槽轧制的道次压下量还受到轧件塑性的限制，当材料塑性较差时，较大的压下量将导致轧件侧边鼓形处产生横裂，如图 34-3 所示，这样的变形是无效的。因塑性条件限制的最大变形量可由金属材料的压缩实验获得。

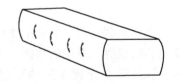

图 34-3 道次压下量
过大时出现的边部开裂

无槽轧制时的工艺要点是：注意压下量的计算和控制，注意宽展系数的选定和计算，道次数和压下量分配必须符合来料和成品尺寸的工艺要求，轧制时需注意轧件的稳定性。

无槽轧制实验的轧件断面变化过程示意如图 34-2 所示。

来料为方断面试样，在最大压下量确定之后，道次平均压下量为：

$$\Delta h_p = (0.8 \sim 1.0) \Delta h_{max} \tag{34-2}$$

第一道压下量为 Δh_1，宽展量为 Δb_1，对应有宽展系数 $\beta_1 = \Delta b_1 / \Delta h_1$；翻钢 90°，第二道压下量为 Δh_2，宽展量为 Δb_2，对应有宽展系数 $\beta_2 = \Delta b_2 / \Delta h_2$；……；直至成品，对应有数据 Δh_i、Δb_i。对上述宽展系数进行统计，求取其平均值 $\beta_p = \sum \beta_i / n$，作为后续实验的宽展估算依据。

后续试样的无槽轧制实验，首先进行压下规程制定，其步骤如下。

（1）确定最大压下量。按式（34-3）、式（34-4）求取。

（2）确定总压下量。如图 34-4 所示，求取轧制道次。在 H 方向的总压下量 $\sum \Delta h_i$ 为：

$$\sum \Delta h_H = H - h + \beta_p (B - b) \tag{34-3}$$

在 B 方向的总压下量为：

$$\sum \Delta h_B = B - b + \beta_p (H - h) \tag{34-4}$$

轧制总压下量为：

$$\sum \Delta h = \sum \Delta h_H + \sum \Delta h_B \tag{34-5}$$

因而轧制总道次数为：

$$n = n_H + n_B = \sum \Delta h_H = \frac{H - h + \beta_p(B - b)}{\Delta h_p} + \frac{B - b + \beta_p(H - h)}{\Delta h_p} = \frac{(1 + \beta_p)[(H - h) + (B - b)]}{\Delta h_p} \tag{34-6}$$

式中　n_H，n_B——H、B 方向的轧制道次数。

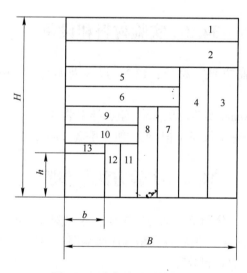

图 34-4　确定总压下量的图示

（3）翻钢程序的确定。应考虑成品断面尺寸和形状稳定性，应力求在保证质量的情况下，尽可能减少翻钢次数。方断面轧件，成品道次前需翻钢一次。

（4）各道次压下量分配和断面尺寸的确定。先求出轧件在 H 和 B 方向的平均压下量，即

$$\Delta h_{pH} = \frac{\sum \Delta h_H}{n_H} \tag{34-7}$$

$$\Delta h_{pB} = \frac{\sum \Delta h_B}{n_B} \tag{34-8}$$

按照轧件在 H 和 B 方向的轧制道次和平均压下量，根据具体轧制情况，如孔型宽度、成品及坯料的断面尺寸、翻钢程序来分配各道次的压下量。这时应注意取整数值。当各孔型的 Δh 和 Δb 已知时，各道次断面尺寸即可获得。

用于型钢轧制的绝对宽展系数计算公式主要有以下三个。

（1）E·齐别尔（Siebel）宽展公式。

$$\beta = \frac{\Delta b}{\Delta h} = \frac{C}{H}\sqrt{R \cdot \Delta h} \tag{34-9}$$

式中，系数 $C = 0.35 \sim 0.45$，热轧低碳钢（1150℃）时，$C = 0.31$；热轧低碳钢（1000℃）时，$C = 0.35$；轧制合金钢（小于1000℃）时，$C = 0.4 \sim 0.45$。

（2）Б·П·巴赫切诺夫（Бахтинов）宽展公式。

$$\beta = \frac{1.15}{2H}\left(\sqrt{R \cdot \Delta h} - \frac{\Delta h}{2f}\right) \tag{34-10}$$

（3）С·И·古布金宽展公式。

$$\beta = \frac{1}{H}\left(1 + \frac{\Delta h}{H}\right)\left(f\sqrt{R \cdot \Delta h} - \frac{\Delta h}{2}\right) \tag{34-11}$$

上述各宽展公式的计算结果可与实测值进行比较，以判断其适用程度。

34.3　实验材料和设备

（1）实验材料。铅制方坯，材质：Pb2，尺寸及数量为 20mm×20mm×100mm×2 支/组。

（2）实验设备。ϕ130mm 实验轧机 1 台/组，导卫装置 1 套。

（3）其他。卷尺、游标卡尺各 1 把/组，帆布手套 2 副/组。

34.4　实验方法与步骤

（1）分组，每组 4 人，分别负责试验机操作、导卫安装、前后台送出料和数据记录，并共同完成轧制规程制定和断面形状及翻钢程序影响因素的讨论分析。

（2）讨论确定试样 1 的轧制规程。

（3）安装导卫装置。

（4）开启轧机，按规程 1 对试样 1 进行轧制，并注意导卫的调整。

（5）每道次之后量取压下量 Δh_i 和宽展量 ΔB_i。

（6）试样 1 轧完后停止轧机，计算各道次宽展系数 $\beta_i = \Delta b_i / \Delta h_i$ 和平均宽展系数 $\beta_p = \sum \beta_i / n$，将数据记入表 34-1。

（7）对试样 2 确定轧制规程。即确定道次平均压下量、总压下量、道次数、翻钢程序和各道次压下量分配，并将数据记入表 34-2。

（8）取试样 2，调整导卫装置至原始位置，开启轧机，按所制定的轧制规程进行轧制，注意压下装置调整精度，各道次导卫的调整应以保持轧件稳定为准，不可夹持过紧，直至完成试样 2 的轧制。

（9）观察试样形状并量取其断面尺寸。

（10）完成所有数据记录，形式见表 34-3。

（11）清理实验现场。

（12）按理论公式进行宽展计算，理论计算结果记入表 34-3。

（13）对实验数据、计算数据进行比较、讨论和分析，完成实验报告。

表 34-1　试样 1 数据记录表

道次 i	H	h	Δh	翻钢	B	b	Δb	β_p	说明
1									
2									
$\vdots$									
$n-1$									
n									

表 34-2　试样 2 轧制规程表

道次 i	H	h	Δh	翻钢	B	b	Δb	β_p	说明
1									
2									
$\vdots$									
$n-1$									
n									

表 34-3　试样 2 数据记录表

道次 i	H	h	Δh	翻钢	B	b	Δb	β_p	说明
1									
2									
$\vdots$									
$n-1$									
n									

34.5　实验报告要求

（1）阐述实验目的、实验条件。

（2）叙述实验过程和步骤，并说明实验过程中轧件形状的异常变化。

（3）数据记录格式按表 34-1~表 34-3。

（4）对表 34-1~表 34-3 所记录的数据进行讨论分析。

思考与讨论

34-1 无槽轧制的特点是什么，如何确定无槽轧制时轧件的失稳临界值？

34-2 无槽轧制的技术关键是什么，为什么？

34-3 影响无槽轧制道次数的因素有哪些？其影响规律是怎样的？

34-4 试讨论导卫装置对轧件稳定性的作用。

34-5 提高摩擦系数可使最大压下量增加，是否就意味着可以减少轧制道次？请说明理由。

34-6 对于矩形断面的产品，轧制规程的制定应该特别注意哪些因素？

34-7 如果在轧制过程中出现了脱方现象，可以通过哪些方法加以调整？

34-8 在无槽轧制条件下，如何制定较有效的轧制规程？

实验 35　圆钢轧制孔型调整实验

圆钢包括圆棒材、圆断面线材等多种产品，作为一种主要断面形状，圆钢的多种缺陷，如过充满、欠充满、错位、边部开裂等均与其轧制过程中的调整有关。本实验将通过孔型的调整，对圆钢轧制过程中出现的多种缺陷加以纠正，从而摸索调整规律，掌握圆钢轧制的调整方法。

35.1　实　验　目　的

圆钢轧制成品孔型系统和型钢生产中的延伸孔型系统多有因孔型配置或调整不当造成的诸如过充满、欠充满、错位和边部开裂等轧制缺陷。通过本实验，在理解孔型轧制概念的基础上，采用带孔型的工艺轧机对金属试样进行轧制并对所出现的缺陷进行孔型调整，消除或减少缺陷，获得所需要尺寸的圆断面试样，从而培养学生对型材孔型轧制调整对产品缺陷影响的分析能力；掌握轧辊孔型和导卫的调整对圆棒轧制形状的影响规律；掌握工艺轧机工作机调整原理和对设备的操作和调整技术。

35.2　实　验　原　理

圆钢轧制时的孔型调整对产品尺寸精度有着重要影响。影响产品质量的因素很多，如工作辊面速度差、钢温、钢质、轧辊磨损、导卫装置和压下量等。这些因素的作用，主要是影响金属在孔型中的流动，从而影响孔型中金属充填情况。在实际生产中，除了对导卫装置进行调整，主要针对下述两方面进行调整：一方面是对于简单断面产品的金属在孔型中压下和宽展的调整；另一方面对于凸缘产品的断面各部分间延伸、拉伸和增长的调整。总之，就是用调整压下量的办法来消除各种因素的影响，使金属在孔型中得到良好的充填情况，保证轧件质量并使轧制能稳定进行。

轧制过程中，宽展变化与一系列因素有关：

$$\Delta b = f(H, h, l, B, D, \varphi_\alpha, \Delta h, \varepsilon, f, t, m, \sigma_s, v, \dot{\varepsilon})$$

式中　H, h——轧制前后的轧件高度；

　　　B, l——变形区宽度和长度；

　　　　D——轧辊直径；

　　　φ_α——变形区横断面形状系数；

　　Δh, ε——压下量和压下率；

　f, t, m——摩擦系数、轧制温度、金属化学成分；

　　　　σ_s——金属变形抗力；

　　v, $\dot{\varepsilon}$——轧制线速度、变形速度。

　　轧制时高向压下的金属体积如何分配给延伸和宽展，遵从体积不变定律和最小阻力定律。本实验主要针对压下量对宽展影响进行孔型充满程度调整。

　　孔型中的宽展是极为复杂的现象，孔型中的宽展除了上述因素影响，还受到接触的非同时性、宽度上压下不均匀、孔型侧壁接触的非同时性、速度差等因素的影响。这些因素中，压下量是道次断面形状最显著的影响因素。正因为如此，实际操作过程中，最为直接的方法就是对出现尺寸缺陷的轧件进行孔型调整，利用变形关系来控制各孔的充填情况。本实验正是基于这一原则而进行的。

　　实验证明，随着压下量的增大，宽展量也增大。这是因为，一方面，压下量增大时，变形区长度增大，变形区水平投影形状 l/b 增大，因而使纵向塑性流动阻力增大，纵向压缩主应力值加大。根据最小阻力定律，金属沿横向运动的趋势增大，因而使宽展加大。另一方面，$\Delta h/H$ 增大，高向压下的金属体积也增大，所以使 Δb 也增大。

　　相对压下量对宽展的影响分为以下三种情况：

　　（1）$\Delta h =$ 常数时，通过减少 H 或 h 来增加 $\Delta h/H$ 使宽展增加，但由于变形区长度没有增加，所以宽展增加缓慢；

　　（2）$H =$ 常数时，通过减少 h 或增加 Δh 来增大 Δb，此时，虽然随压下率 $\Delta h/H$ 的增大，宽展 Δb 增加迅速，但由于 Δh 也在增加，故使得宽展系数增大趋缓；

　　（3）$h =$ 常数时，只有增加 Δh 和增大 H 方能使 $\Delta h/H$ 增加，而 H 的增加又会使 $\Delta h/H$ 有所降低，因此，h 不变时，宽展的增加又比 H 为常数时增加得慢。

　　上述关系如图 35-1 所示。这种对宽展的影响规律向人们提供了压下量调整或孔型调整的依据。

　　孔型系统设计之后，由坯料到成品的道次和总压下量也就确定了，但由于上述众多因素的影响，各孔型中的轧出尺寸会与设计值有一定的偏差，从而导致轧件最终的形状尺寸缺陷。此时在轧制过程中对各道次孔型进行适当的压下量调整即可解决上述产品缺陷。这一有效的手段现场生产中常用。

　　圆钢成品轧制的孔型系统通常是由椭-圆孔型构成，其宽展符合一般椭-圆孔型中的金属流动规律。本实验针对常用椭-圆孔轧制圆钢的最后若干道次的轧件形状要求和

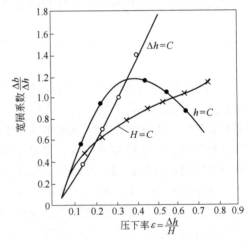

图 35-1　Δh、H、h 为常数时
宽展系数与压下量的关系

金属流动规律，通过对孔型压下的系列调整来获得所需成品尺寸。

　　如图 35-2 所示，圆断面型材最终的成品由六个椭-圆孔型轧制完成，轧件在每进入下一孔型前旋转 90° 再送入轧制，每一道次均有高向压下。但初始设定的各孔型压下量 Δh_i 并不能保证轧件最终具有良好形状尺寸，这就需要对各道次的压下量 Δh_i 重新分配。从图 35-1 所示的宽展规律可见，当采用一定压下量，并要达到某一宽展系数，则其压下率是一定值，即要求来料厚度尺寸一定。而一定的来料厚度则要求前一道次的宽展量与压下量对应。从成品道次的尺寸缺陷算起，将上溯到各个道次的压下量变化。本实验中由于只涉

及椭圆孔和圆孔两种孔型，因其他条件相近，每种孔形的宽展系数 β 接近。

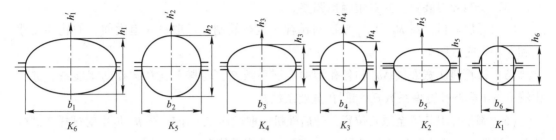

图 35-2　孔型调整过程示意图

β 值可通过预先轧制一试样加以测定，一般其绝对宽展系数 β 范围为：

$$\beta = 0.2 \sim 0.4 \quad \text{椭进圆}$$
$$\beta = 0.4 \sim 1.2 \quad \text{圆进椭}$$

按实测 β 值进行调整量估算，依次调整各道孔型压下量，直至获得理想成品尺寸。

比如，当末道 K_1 孔轧出的形状欠充满，其轧出宽度为 b_6，比理想尺寸小 δb_6。调整如下：

（1）K_2 孔上辊由原来的 h_5 上调至 h_5'，调整量 $h_5' - h_5 = \delta b_6 - \beta_6 (b_5 - h_6)$；

（2）K_3 孔上辊由原来的 h_4 上调至 h_4'，调整量 $h_4' - h_4 = \delta b_5 - \beta_5 (b_4 - h_5)$；

（3）K_i 孔上辊由原来的 h_i 上调至 h_i'，调整量 $h_i' - h_i = \delta b_{i+1} - \beta_{i+1} (b_i - h_{i+1})$；

（4）直至 K_6 孔调整完毕。

理由是，轧辊抬起的量（$h_5' - h_5$）将成为下一道次的来料宽度增量，会直接补偿 b_6 的不足，而由于轧辊抬起所引起的宽度不足 δb_5，使 K_6 的压下量成为 $b_5 - h_6 - \delta b_5$，所引起的宽展损失仅为 $\beta_6 \delta b_5$。

假定 $b_5 = 16mm$、$h_6 = 12mm$、$\beta_5 = 0.6$、$\beta_6 = 0.3$、$h_5' - h_5 = 1.0mm$，则 $\delta b_5 = \beta_5 (h_5' - h_5) = 0.6mm$，使 K_6 孔的压下量成为 3.4mm，宽展损失 $\beta_6 \delta b_5 = 0.3 \times 0.6 = 0.18mm$。

由此可见，实际调整中由于高向调整的效果直接，在 K_2 孔调整之后可能已经达到预期尺寸，这样就不必再上溯调整其他孔型。越接近成品孔的孔型，其调整效果越明显。

35.3　实验材料和设备

（1）实验材料。铅制方坯，材质：Pb2，尺寸及数量为 $\phi30mm \times 200mm \times 3$ 支/组，编号分别为试样 1、试样 2 和试样 3。

（2）实验设备。$\phi165mm$ 二辊工艺轧机 1 台 [见图 22-1（a）]，导卫装置 1 套。

（3）其他。卷尺、游标卡尺各 1 把/组，帆布手套 2 副/组，调整用扳手 1 把/组。

35.4　实验方法与步骤

（1）分组，每组 4 人，分别负责工艺轧机操作、导卫安装、前后台送出料和数据记录，并共同完成宽展系数测定试轧、调整方案制定和结果的讨论分析。

（2）讨论确定试样 3 的调整方法。

（3）安装导卫装置，并对辊缝预调整。

（4）开启轧机，按 K_6 至 K_1 依次对试样 1 进行轧制，量取每一道次前后的轧件尺寸 h_i 和 b_i，轧完后停车。

（5）计算道次宽展量 Δb_i 和各孔型的宽展系数 β_i，对椭圆孔和圆孔的宽展系数进行比较，得出椭圆孔宽展系数 β_t 和圆孔宽展系数 β_r。

（6）调整导卫装置至原始位置，开启轧机，取试样 2，由 K_6 至 K_1 依次对试样 2 进行轧制，量取每一道次前后的轧件尺寸 h_i 和 b_i，轧完后停车。

（7）观察并分析 K_1 轧出尺寸，确定轧制试样 3 时的调整方案（按原理所示方法）。

（8）调整导卫装置至原始位置，开启轧机，取试样 3，按所制定的调整方案进行轧制，注意压下装置调整精度，各道次导卫的调整应以保持轧件稳定对中，不可夹持过紧，直至完成试样 3 的轧制。

（9）观察试样形状并量取其断面尺寸。

（10）完成所有数据记录，形式见表 35-1。

（11）清理实验现场。

（12）对实验数据进行讨论分析，完成实验报告。

表 35-1　孔型调整及缺陷分析实验记录表

序号	K_6		K_5		K_4		K_3		K_2		K_1	
	H	B	H	B	H	B	H	B	H	B	H	B
1	h	b	h	b	h	b	h	b	h	b	h	b
		β		β		β		β		β		β
	H	B	H	B	H	B	H	B	H	B	H	B
2	h	b	h	b	h	b	h	b	h	b	h	b
		β		β		β		β		β		β
	轧件描述		轧件描述		轧件描述		轧件描述		轧件描述		轧件描述	
	H	B	H	B	H	B	H	B	H	B	H	B
3	h	b	h	b	h	b	h	b	h	b	h	b
	轧件描述		轧件描述		轧件描述		轧件描述		轧件描述		轧件描述	

注：轧件描述一栏简述轧后试样的形状和轧制异常情况。

35.5　实验报告要求

（1）阐述实验目的、实验条件。

（2）叙述实验过程、设备操作过程、轧件形状和表面质量，并说明实验过程中轧件形状正常与否以及轧制过程中的轧件形状的异常变化。

（3）各道次轧件尺寸及其参数计算结果、调整值和最终的轧件尺寸数据记录格式按表 35-1。

（4）对表 35-1 所记录的数据进行讨论分析。

思考与讨论

35-1　椭-圆孔型系统轧制圆断面型材时的宽展规律如何？

35-2　导卫装置对保持轧件的稳定作用可靠吗？

35-3　你是怎样考虑调整量的？

35-4　如果经过调整还不能解决成品的形状问题，还可以采用什么方法解决？

35-5　经观察，轧件的头尾充满情况一致吗，为什么？

35-6　推力或张力对轧件形状的调整会起到怎样的作用？

实验 36　等通道挤压变形和组织分析实验

金属材料通过剧烈塑性变形，可获得超细晶粒块状材料，与其他制备方法相比，采用这一方法制备的金属材料的组织呈现极细晶粒，因而在强度、硬度和塑性方面均有较大程度的提高。此类技术有多种形式，等通道挤压变形技术是其中之一。本实验采用液压万能材料试验机和适当的等通道挤压模具，对铝和铅材料进行剧烈塑性变形，并对变形之后的试样进行组织性能检测，从而对剧烈塑性变形金属材料的组织性能的显著变化有所了解。

36.1　实　验　目　的

超细晶粒材料（包括亚微米材料）具有重要和广阔的工业应用前景，其制备技术对于该材料的应用具有重要影响。剧烈塑性变形技术是制备超细晶粒材料的重要方法，其中包括等通道弯角挤压工艺。与其他工艺相比，由于等通道挤压工艺并不复杂，却能够制备致密的超细结构材料，因而可作为一种有效的实验手段，对金属材料剧烈变形的加工机理以及变形后性能改变的规律有所理解和认识。

定量地了解和掌握模具参数对挤压件内部应变分布、应变大小等的影响规律，对于有效地确定挤压工艺和使挤压件获得合理的应变分布、大小，进而获得所要求的晶粒细化效果十分重要。本实验的目的是让学生了解此类剧烈塑性变形技术对金属材料的组织性能的显著影响，掌握等通道强烈塑性变形设备的原理和操作方法，掌握金属材料的组织性能的检测方法。

36.2　实　验　原　理

等通道弯角挤压过程如图 36-1 所示，其工作原理是两个等横截面积的管道以一定的角度相交，金属试样连续通过模具两个相交的管道挤出，在经过通道拐角时，金属发生剪应变。这种剪应变的剧烈程度随模具拐角的大小、圆心角、圆心角半径、挤压次数、道次挤压相位等参数而变化。其中冷变形过程中的位错增殖和抵消对金属强度、晶粒细化等起着重要作用，只要参数配合得当，便可获得足够的累积应变而达到晶粒细化。等通道弯角挤压因通道截面不同一般又分为方形截面通道和圆形截面通道。等方形通道弯角挤压为典型的平面变形问题，等圆形通道弯角挤压为三维挤压变形问题。

图 36-1 中，两个等截面通道的交角 φ 为模具拐角，拐

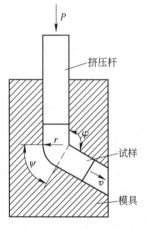

图 36-1　等通道弯角
挤压过程示意图

角处圆弧所对应的圆心角 ψ 称为模具圆心角，值为 $0° \sim (180°-\varphi)$，与 ψ 成对应关系的模具圆心角半径为 r。由于等通道挤压主要靠挤压件累积的等效应变对金属晶粒进行细化，因此模具拐角 φ、圆心角 ψ 和圆心角半径 r 等模具几何参数对于挤压件的晶粒细化具有重要影响。模具几何参数对金属材料组织性能的影响分析研究，一般可通过实验或数值模拟方法来获得。本实验设定两种不同的交角、采用两种不同试样，对模具交角、挤压次数以及材料属性对挤压后组织性能的变化情况加以研究分析。

等通道弯角挤压工艺制备超细晶粒材料，主要是通过剧烈塑性变形使挤压件获得大应变，且尽量保证挤压件内部等效应变分布均匀。计算累积等效应变的理论公式为：

$$\bar{\varepsilon} = \frac{2n}{\sqrt{3}} \left[2\cot\left(\frac{\psi}{2}+\frac{\varphi}{2}\right) + \psi\csc\left(\frac{\psi}{2}+\frac{\varphi}{2}\right) \right] \tag{36-1}$$

式中，n 表示挤压的次数。累积等效应变 $\bar{\varepsilon}$ 随模具拐角 φ 和圆心角 ψ 的增大而减少；当 φ 一定且为 $0°$ 时，$\bar{\varepsilon}$ 取最大值，当 $\psi = 180°-\varphi$ 时，$\bar{\varepsilon}$ 取最小值。

然而理论公式获得的应变与实际的变形过程的应变分布不同，由于挤压件变形分布的不均匀性，变形过程的数值表达相当复杂。实验方法则可以直观地反映变形过程。

对挤压过程的影响因素主要有以下方面。

（1）模具拐角对挤压过程的影响。如图 36-2 所示为模具拐角与挤压件主要变形区等效应变的关系曲线，从图可以看出等效应变随模具拐角的增大而减小。图 36-3 所示为模具拐角与最大挤压力之间的关系，从图可以看出随模具拐角 φ 增大，挤压力逐渐降低，当拐角为 $90°$ 时挤压力最大达到 15.90kN；当拐角为 $120°$ 时挤压力为 9.385kN，几乎是拐角为 $90°$ 情况的 $1/2$；当拐角为 $150°$ 时，挤压力下降为 4.507kN。可见，挤压力随模具拐角增大下降迅速，即模具拐角是影响挤压力的重要因素。

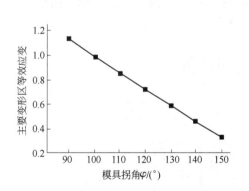

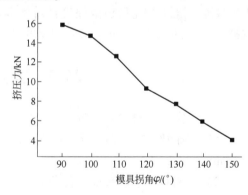

图 36-2　模具拐角与等效应变的关系　　　图 36-3　模具拐角与挤压力的关系

要获得一定的累积变形量，除了考虑模具拐角，还应考虑挤压次数。模具拐角较大的情形，所需的挤压次数可少些；而模具拐角较小时，所需的挤压次数相应要增加。也就是说，要获得较高的累积变形的效率，在模具强度能够满足要求的情况下，应尽量采用拐角为接近 $90°$ 的模具；对于变形抗力较大的挤压材料，可综合考虑模具强度和等效应变，比较理想的选择是拐角为 $120°$ 的模具。

（2）模具圆心角半径对挤压过程的影响。等通道挤压模具的另一个重要工艺参数是模具圆心角半径 r。图 36-4 所示为模具拐角为 $90°$ 和 $120°$ 情况下，不同圆心角半径对挤压件主要变形区截面等效应变影响规律。模具圆心角半径 r 的取值范围在 $0\sim10$mm 之间，挤压件主要变形区的等效应变随圆心角半径增大而减小。随着圆心角半径的减小，挤压件整体逐渐趋于均匀，即最大与最小等效应变差减小。此外，主要变形区获得等效应变量逐渐增大。因此，等通道挤压工艺设计应综合考虑或平衡模具圆心角半径对挤压件变形分布均匀程度与应变大小的影响。

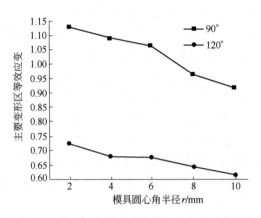

图 36-4　挤压件等效应变与圆心角半径的关系

（3）挤压次数 n 以及试样的道次转角对累积等效应变的影响。一定的模具拐角情况下，挤压次数 n 的增加可显著提高金属材料的累积等效应变；而道次转角 α（每次挤压前将试样绕其轴旋转一定角度）以每次单向旋转 $90°$，细化晶粒效果较好。

经上述各因素影响的金属试样，组织性能已发生显著变化，采用万能材料试验机、金相显微镜、扫描电镜和显微硬度计等实验设备可检测其抗拉强度、伸长率、组织形态（晶粒大小及其分布）、断口形态和硬度等，从而分析这种加工方法的优点。

36.3　实验材料和设备

（1）实验材料。铝试样（1A99），圆棒状试样，尺寸为 $\phi15$mm×110mm。

（2）实验设备。$\phi15$mm，转角为 $90°$、$120°$ 的挤压模具各 1 套，模具装配形式如图 36-5 所示。2000kN 液压万能材料试验机 1 台，压杆挤压速度为 2mm/s。100kN 万能材料试验机 1 台，金相显微镜 1 台/组，抛光机 1 台/组。

（3）其他。弓锯、锉刀 1 把/组，游标卡尺 1 把/组，金相制备用腐蚀剂（15% NaOH 水溶液）、金相砂纸若干。

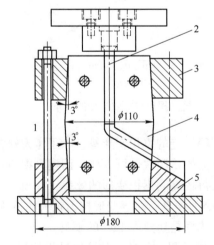

图 36-5　等通道转角挤压模具示意图
1—螺栓；2—挤压杆；3，5—固定套；4—凹模

36.4　实验方法与步骤

（1）分组。每组 4 人，分别负责液压试验机的操作、模具安装、试样装卸和数据记录，并共同完成试样的力学性能和金相检测分析。

（2）讨论实验方案，确定挤压速度、压杆行程等设备参数，确定挤压道次 n、道次转角 α 等实验方案，注意采用两种不同道次数和两种不同转角。1A99 材料编号为 A0~A4。数据记录见表 36-1。

表 36-1　实验数据记录表

挤压测定参数	模具 $\varphi=90°$		模具 $\varphi=120°$	
	$n_1=1$	$n_2=$	$n_1=1$	$n_2=$
		$\alpha=$		$\alpha=$
挤压力 P/kN				
屈服极限 σ_s/MPa				
强度极限 σ_b/MPa				
晶 粒 度				

（3）取 A0 作为未经加工的原始试样进行力学性能和金相组织测定。拉伸实验的试样尺寸如图 36-6 所示。晶粒度测定按常规金相检测方式。将测得的原始试样屈服极限、强度极限和晶粒度加以记录。

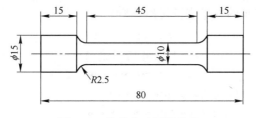

图 36-6　拉伸实验试样尺寸

（4）选择 $\varphi=90°$ 的等通道模具，按图 36-5 将模具安装于 2000kN 电液伺服万能试验机中。

（5）设定试验机的挤压速度和行程，注意保证足够行程，以免试样经过反复挤压切除压余后长度不足。模具安装后试机一次，使压杆与模孔轴线保持一致。

（6）将试样 A1 装入模孔，开启试验机，将压杆压入模孔，直至完成压入行程。记录挤压力-行程关系曲线。

（7）拔出挤压杆至适当高度，停止液压试验机，卸下模具固定套，分开凹模，将试样从凹模中取出。

（8）去除压余，压余长度尽可能小，使被挤试样具有足够长度。将试样 A1 置于工作台上待用。

（9）取试样 A2，重复上述挤压过程，当试样经过一道次挤压、从模具中取出并去除压余后，绕其轴线顺时针旋转 α 角，插入凹模模孔中再次进行挤压，直至经过 n_2 次挤压后，去除压余，将试样 A2 置于工作台上待用。

（10）更换 $\varphi=120°$ 的等通道模具，按图 36-5 安装模具。

（11）再次设定挤压速度和行程，方式同步骤（5）。

（12）取试样 A3，重复步骤（6）~（8）。

（13）取试样 A4，实验步骤同（9）。

（14）将试样 A1~A4 按图 36-6 所示尺寸制作拉伸试样，并在 A1~A4 试样的头部位置取适当尺寸的金属块作为金相观察试样，其截面为 8mm×8mm。

（15）对 A1~A4 拉伸试样在 100kN 万能材料试验机上进行屈服极限和强度极限测定；对 A1~A4 金相试样按常规金相检测方式进行晶粒度测定。将测得的数据记入表 36-1。

（16）对挤压前后试样的力学性能、组织形态进行比较分析；对不同模具形式和不同挤压道次的挤压件组织性能进行分析。完成实验报告。

36.5　实验报告要求

（1）阐述实验目的、实验条件。

（2）叙述实验步骤。

（3）详述设备操作过程和模具安装及调试过程。

（4）记录各道次挤压前后的试样尺寸，包括压余切除情况；记录各道次挤压过程中的挤压力-行程曲线、试样转动角度及其方向；记录试样的力学性能和金相组织情况，最终的数据记录格式按表 36-1。

（5）对表 36-1 所记录的数据进行讨论分析。

思考与讨论

36-1　经等通道弯角挤压的材料与原有材料相比，其组织性能有何改变？

36-2　圆心角半径对挤压力、金属等效变形的影响规律如何？

36-3　挤压速度对挤压力和成形后的金属强度有何影响？

36-4　挤压道次数和试样的道次转角对变形后金属组织性能的影响如何，为什么？

36-5　多道次挤压并采用不同方向的道次转角时，将对试样组织性能产生什么影响？

36-6　这种挤压方式实际应用时，还有哪些因素将会对材料组织性能产生影响，其影响规律将会怎样？

实验 37　旋压成形工艺实验

金属旋压是一种应用广泛的无切削塑性成形加工方式，其主要特征在于工具对加工件实施局部塑性变形并累积为金属件的基本变形。与体积成形中的横轧、环形件轧制或螺旋轧制不同的是，旋压加工通常用于薄板成形，主要用于杯筒状薄壳类金属件的成形加工。

按金属的变形特征旋压可分为普通旋压和强力旋压两种类型。普通旋压的加工类型主要有拉深旋压、剪切旋压、筒形变薄旋压（流动旋压）、减径或扩径旋压、翻边或切割等。强力旋压存在大量的减壁变形，具有体积成形特征，强力旋压类似于横轧、环形件轧制或螺旋轧制。

旋压对多种金属材料有很强的适应性，适用于多品种生产，是机械零件、照明器具、家用器皿、压力容器、通信设备、医疗器械、仪器仪表、乐器等的重要加工方式，例如各种喷口、漏斗、离心器、电动机端盖、牙科器械、空调设备、鼓风机喇叭口、油压器具、发动机零件、轮辋轮辐、搅拌筒、桩、消音器、衬套、蓄压器、各种减压器、三角皮带轮以及汽车和飞机零件等。通常旋压的材料以铝、碳钢和不锈钢为主，碳钢和不锈钢占的比例超过了 56%。其他的旋压材料有银、镀锌板、坡莫合金等镍基合金以及钛合金等。特种材料的零件一般批量很小，宜采用旋压方式加工。同时旋压加工成形条件比较灵活，工艺参数容易控制，这也使得它适用于多品种生产。

本实验采用经改装的车床对铝薄板进行两种类型的旋压实验，一种是普通拉深旋压和强力减壁旋压相结合的实验，另一种则是剪切旋压实验。

37.1　实　验　目　的

通过本实验，了解旋压加工的基本原理、典型加工方式及其变形特点；掌握旋压加工金属件成形质量与各旋压工艺参数间的关系，尤其是道次数、旋压速度、成形锥角等对成形质量的影响；掌握旋压过程力能参数测定的方式，以及各旋压参数对旋压力影响的分析过程。

37.2　实　验　原　理

旋压是一种空心金属回转体的成形方法。在坯料随模具旋转或旋压工具环绕坯料旋转的过程中，工具相对于坯料实行进给，从而使坯料受压并产生连续、逐点的局部塑性变形而成为所需的空心回转体工件。

旋压包含普通旋压和变薄旋压（又称强力旋压）两大类。普通旋压时，毛坯的壁厚和表面积基本不变，只改变毛坯的形状，如图 37-1（a）所示。这种方法多用于压制各种薄壁的铝、铜、不锈钢等日用品，如灯罩、炊具及工艺品。强力旋压时，毛坯的形状和厚度都发生变化。强力旋压分锥形件强力旋压和筒形件强力旋压。锥形件强力旋压时，金属的移动符合正弦定律，是纯剪切变形，如图 37-1 (b) 所示，所以又称剪切旋压。这种方法用于生产等壁厚和变壁厚的锥形件和半球形体件等。筒形件强力旋压时，筒形毛坯的壁厚减小，长度增加，体积不变，如图 37-1 (c) 所示。这种方法用于生产薄壁无缝管材、圆柱形的带底容器和壳体等。旋压按加工温度可分为冷旋压、温旋压和热旋压，其中冷旋压最为常用。

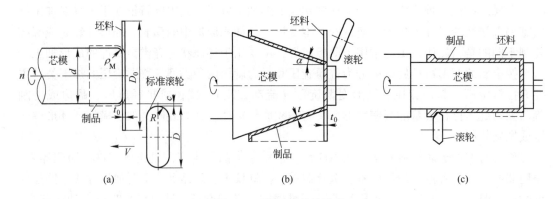

图 37-1　旋压的各种类型

(a) 普通拉深旋压；(b) 锥形件强力旋压；(c) 筒形件强力旋压

实验基本原理是将平板或空心坯料固定在旋压机的模具上，在坯料随机床主轴转动的同时，用旋轮或赶棒加压于坯料，使之产生局部的塑性变形。在旋轮的进给运动和坯料的旋转运动共同作用下，使局部的塑性变形逐步地扩展到坯料的全部表面，并紧贴于模具，完成零件的旋压加工。

不同旋压形式其变形各有特点。

37.2.1　普通拉深旋压

图 37-1 (a) 是将直径为 D_0、厚度为 t_0 的板坯旋压为内径为 d（与芯模的直径相同）的圆筒形旋压件。当 D_0 较小时能制出短圆筒件，只需采用简单拉深旋压即可。D_0/d 为拉深比，既不出现皱折又不出现开裂的最大拉深比称作极限拉深比 $[D_0/d]_{\max}$，它与材料属性和旋压工艺条件有关。在 D_0/d 值较小的情况下，旋轮只需沿芯模移动一次就能成形，且旋轮只需保证它与芯模之间的间隙 c 即可。为区别于多道次拉深旋压，将这种方式称为简单拉深旋压。采用简单拉深旋压时，需考虑以下几个方面。

（1）滚轮的形状。通常选用直径为 D、圆角半径为 R 的圆弧状滚轮，如图 37-1 (a) 所示，并将这种滚轮称作标准滚轮。

（2）滚轮的进给速度。通常用拖板运动的速度 $V_0(\mathrm{m/min})$ 表示，但由于在判断成形的效果时要考虑坯料的转速，因此坯料每转的滚轮移动量 $V(\mathrm{mm/r})$ 的大小是极为重要的因素。例如在进给速度 V_0 不变的条件下，如果毛坯转速增加了一倍，则滚轮相对毛坯的运动距离变为原来的二分之一，变形速度相应降低了。

（3）芯模的形状。在图 37-1 (a) 的情况下芯模是圆柱形，其直径为 d，端部拐角处的圆角半径为 ρ_{M}，在其他情况下芯模的形状随旋压件的形状而异。

（4）坯料的转速。坯料的转速 n 需与滚轮的进给速度 V_0 相联系，可以在滚轮进给速度 V_0 不变的条件下改变 n，或者在 n 不变的条件下改变旋轮的进给进度 V_0。

（5）毛坯的尺寸和性质。拉深比 D_0/d 或板坯的相对厚度 t_0/d 是拉深旋压能否顺利进行的重要参数。坯料的材质，一般多选变形抗力较低、塑性良好的金属。

从极限拉深比而言，可以说滚轮直径 D 几乎没有影响，而滚轮圆角半径 R 越大，则毛坯与滚轮行进前方的接触越平缓，工件就不容易起皱，因而有利于加大极限拉深比。同时 R 增大，壁厚就不容易减薄或产生颈缩。因此一般认为采用大的圆角半径 R 较好，常用值是 $R/t_0>5$。

滚轮的单位移动量 V 及滚轮的形状对拉深旋压至关重要。加大滚轮的进给速度工件就容易起皱。反之进给速度太低，则在成形终了之前毛坯与滚轮的旋转接触次数增加，使毛坯的同一处的摩擦次数增多而易导致壁部的破裂。

在芯模端面的圆角处成形时，难以使滚轮在行进中沿着圆角接触板坯。若芯模圆角半径 ρ_M 大则工件容易起皱，反之圆角太小工件容易破裂。因此，在圆筒件的简单拉深旋压时应选择适宜的 ρ_M 值。

芯模直径 d 的大小与毛坯直径 D_0 和厚度 t_0 有关。t_0/d 越大，则极限拉深比就越大。板材越薄则成壁过程中容易造成壁厚失稳，起皱就越严重，故越难成形。此时要改变其他成形条件如降低滚轮的进给速度等。t_0/d 大则壁厚不易失稳，有利于防皱，但在成形终了阶段材料有可能向滚轮背面反流，致使工件出现鼓凸。产生这种现象的原因是拉深旋压过程中壁厚会逐渐增加，使得成形终了阶段出现带有减壁过程的筒形强力旋压的现象。

滚轮与芯模的间隙 c 的设定应考虑减壁程度，即使间隙 c 等于板坯厚度 t_0，也会因壁厚增大得比 t_0 大而出现减壁现象。而当 $c/t_0<1$ 时，必然同时存在拉深和减壁，成为拉深变薄旋压，如图 37-1（c）所示。

本实验用两种模具进行拉深–减壁旋压，以获得既有简单拉深旋压过程，又有强力减壁旋压过程的实验结果。一种是采用标准滚轮和带锥度芯模配合的模具（见图 37-2），另一种是采用带有台肩的滚轮和普通圆柱芯模配合的模具（见图 37-3）。后者是在标准滚轮形状上加一个台肩，台肩高度为 1mm，可因减壁而使延伸增大一倍，在旋压操作时，需要有一定的 V 值，如果滚轮进给速度太低，材料容易做周向流动，使工件直径增大而脱离模芯，将使加工精度降低，如图 37-4 所示。

上述仅为单道次普通旋压成形方法，适用于拉深比较小的情况，此外还有多道次普通旋压成形的方式，适用于深圆筒和形状复杂零件。多道次旋压方式需要考虑的因素有：

（1）坯料尺寸和性能（坯料直径 D_0、厚度 t_0、材料的力学性能）；

（2）滚轮的形状（圆角半径 R）；

（3）靠模形状；

（4）靠模的移动间距；

（5）旋轮的进给速度。

37.2.2　锥形件强力（剪切）旋压

不改变毛坯的外径而改变其厚度，以制造圆锥形等各种轴对称薄壁件的旋压称为剪切旋压（锥形变薄旋压，见图 37-5）。这种成形方法的特点是在旋轮的一个道次中完成，加

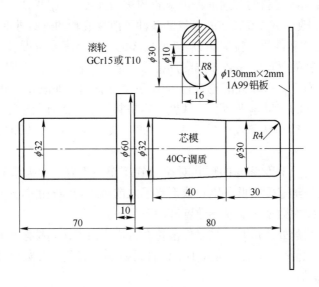

图 37-2   用标准滚轮减壁旋压的模具尺寸（1 号模具）

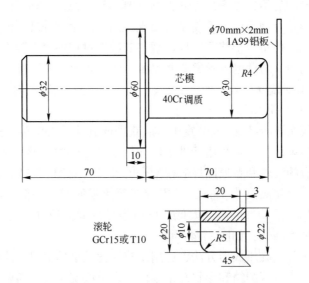

图 37-3   复合旋压模具尺寸（2 号模具）

工时间短，表面光洁和成形精度高，并且能较容易地成形拉深旋压难以成形的材料。此外，机床的操作和调整比拉深旋压容易得多。

剪切旋压是一道次的简单操作，不像拉深旋压那样存在道次问题，因而工艺条件的选定比较容易。然而其成形力比拉深旋压大得多，需要考虑成形力受工艺因素的影响。剪切旋压选择的工艺条件有以下几个方面。

（1）芯模形状要与旋压件一致，材料一般采用工具钢。

（2）滚轮半径 R 取值一般与坯料厚度相同或稍大。

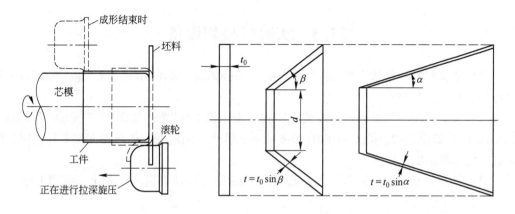

图 37-4　拉深旋压-变薄旋压的复合加工　　图 37-5　剪切旋压壁厚变化关系示意图

（3）滚轮的进给速度 V 选择，V 过大时坯料的外缘不能进入拉深，凸缘就会起皱，且表面粗糙。一般地，$V=0.1\sim2\text{mm/r}$，为使表面美观可使 $V=0.05\sim0.15\text{mm/r}$，为使表面平滑可使 $V=0.7\sim1.4\text{mm/r}$。

（4）坯料转速选择以 $n=300\sim600\text{r/min}$ 为宜，并与 V 值共同考虑。

（5）滚轮与芯模的间隙选择。遵循正弦规律正确选取间隙，旋压后的工件壁厚

$$t=t_0\sin\beta$$

式中　t_0——坯料厚度；

　　　β——芯模半锥角。

（6）合理选择润滑剂。通常可以采用牛油、肥皂、机油作为润滑剂。

本实验中的剪切旋压遵从上述原则。其模具尺寸如图 37-6 所示。

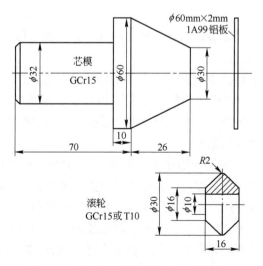

图 37-6　剪切旋压模具尺寸（3 号模具）

37.3　实验材料和设备

（1）实验材料。铝板3块/组，尺寸$\phi130mm\times2mm$、$\phi70mm\times2mm$、$\phi60mm\times2mm$各1块/组，材料：1A99。

（2）实验设备。用普通车床改装的实验用旋压机1台/组，如图37-7所示；旋压模3套/组，尺寸如图37-2、图37-3和图37-6所示；装有电阻应变片的滚轮支架1套；应变仪及数字化采集系统1套。

（3）其他。卷尺、游标卡尺各1把/组，润滑剂（牛油、机油）若干，毛刷1把。

图37-7　用车床改装的实验用旋压机

37.4　实验方法与步骤

（1）分组。每组4人，分别负责旋压机的操作、模具安装、试样装卸和数据记录，并共同完成数据整理和讨论分析。

（2）讨论实验方案。确定旋压参数，如各种旋压方式的坯料转速n、滚轮与芯模间隙c、进给速度V、滚轮给进角度等。

（3）选择1号模具，将其中的芯模安装于车床三爪卡盘上。

（4）取$\phi130mm\times2mm$试样作为旋压坯料，将其圆心对准车床主轴线安装在芯模端面；取压盘一个插入车床尾架套筒中，摇动尾架手柄将坯料轴向压紧并将尾架锁紧。用毛刷将坯料表面涂以润滑剂（机油）。

（5）将滚轮内孔涂以牛油套于滚轮支架心轴上，并将支架安装于车床刀架上，注意滚轮轴线与芯模轴线在同一水平面内，并注意避免损伤滚轮支架上的力能参数测定装置及线缆。将滚轮支架上的应变片线缆接于应变仪，开启应变仪和数字采集系统。

（6）预调c值。摇动车床纵向拖板手柄，将滚轮调整至与芯模距离为c值（2mm）。

（7）通过纵横拖板手柄将滚轮移至旋压初始位置，如图37-8所示。

（8）调整车床走刀速度至所需V值。

（9）开启车床和检测系统，用丝杠自动给进，按设定坯料转速 n 和滚轮进给速度 V 进行拉深–减壁复合旋压，直至坯料被旋压加工完毕。期间注意对旋压滚轮所测得的径向力和进给力随行程变化曲线的记录。

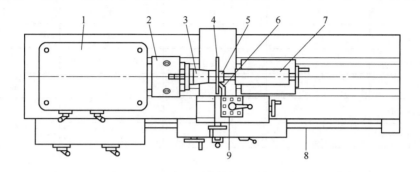

图 37-8　调整滚轮至旋压初始位置

1—主轴箱；2—三爪卡盘；3—芯模；4—工件；5—压盘；
6—滚轮支架；7—尾架；8—进给丝杠；9—刀架

注意：旋压过程包括拉深和减壁延伸两部分，芯模或滚轮形状决定了这是一个复合旋压过程，如果仅仅考察拉深旋压，则在坯料进入芯模圆锥段前退出刀架，结束旋压。

（10）停车卸料。车床关停，刀架回退，松开尾架锁定手柄，退出压盘，卸下工件置于工作台待用。

（11）分别松开三爪卡盘和刀架，卸下 1 号芯模和滚轮。通用的滚轮支架上装有力参数检测装置，不再拆卸。

（12）选择 2 号模具，将其中的芯模安装于车床三爪卡盘上。

（13）取 $\phi 70\text{mm} \times 2\text{mm}$ 试样，安装过程同步骤（4）。

（14）将 2 号模具的滚轮及其支架安装在刀架上，要求同步骤（5）。

（15）重复步骤（6）～（11）。

（16）选择 3 号模具，将其中的芯模安装于车床三爪卡盘上。

（17）将 3 号模具的滚轮涂以牛油装上支架，并装于刀架上，将刀架拖板逆时针旋转 30° 并锁定，摇动手柄试走一遍以观察滚轮与芯模间隙（$t = t_0 \sin\beta$）的平行度。注意滚轮轴线与芯模轴线在同一水平面内。

（18）取 $\phi 60\text{mm} \times 2\text{mm}$ 试样，安装过程同步骤（4）。

（19）将滚轮移至旋压初始位置。

（20）开启车床，用调整好角度的刀架拖板手动进给，控制进给速度，直至工件旋压完毕。

（21）停车卸料，并卸下 3 号模具。现场实验结束后拆卸滚轮支架，关闭检测装置。

（22）记录所有旋压参数和旋压力（径向力 P 和进给力 Q），格式见表 37-1。讨论分析不同旋压方式下工件的变形特点、质量情况和力能参数随不同旋压方式和旋压行程的变化情况。

（23）完成实验报告。

注意：根据需要，可进行简单拉深旋压实验，此时采用 1 号模具中的标准滚轮和 2 号模具中的芯模进行实验即可。

表 37-1　旋压实验数据记录表

旋压方式	1	2	3	4
拉深比 D_0/d				
厚径比 t_0/d				
间隙 c				
工件转速 $n/\text{r} \cdot \text{min}^{-1}$				
进给速度 $V_0/\text{m} \cdot \text{min}^{-1}$				
进给比 $V/\text{mm} \cdot \text{r}^{-1}$				
径向力 P_{max}/N				
给进力 Q_{max}/N				
数据分析				
质量分析				

37.5　实验报告要求

（1）阐述实验目的、实验条件。

（2）叙述实验步骤。

（3）详述设备操作过程和模具安装及调试过程。

（4）记录各旋压工艺参数、各旋压加工前后的试样尺寸、工件表面质量情况；记录各旋压过程中的力-行程曲线。最终的数据记录格式按表 37-1。

（5）对表 37-1 所记录的数据进行讨论分析。

思考与讨论

37-1　旋压时的进给速度 V 的大小对工件的最终质量有何影响，其原因是怎样的？

37-2　旋压成形最主要的质量问题有哪些？

37-3　为什么旋压一般采用变形抗力较小而塑性较好的金属材料？

37-4　旋压变形的残余应力分布是怎样的，为什么？这样的残余应力对产品质量和使用性能有何影响？

37-5　如何测定旋压件的极限拉深比？试提出一个测定极限拉深比的实验方案。

37-6　试分析金属材料的加工硬化率对旋压性能的影响。

实验 38　轧件稳定性实验

无槽轧制是采用平辊对轧件进行垂直交替轧制的过程，与传统孔型轧制相比具有提高生产率、改善产品质量、节省轧辊和减少轧制能量消耗等一系列优点。然而这种轧制方法由于没有孔型的夹持作用而存在轧件脱槽现象，使得轧件断面形状不规则，严重影响产品质量和调整操作。这种平辊轧制中轧件的稳定性问题可通过对轧件在平辊中轧制时的稳定性实验加以研究，从而得出合理的翻钢程序、道次压下量和理想喂入形状等参数。

本实验采用 $\phi130\text{mm}$ 实验轧机以各种喂入形状和道次压下量对铅试样进行平辊轧制，同时采用入口导板夹持，从而考察轧件稳定性随压下量、轧件高宽比以及轧件鼓形率等参数变化的规律。

38.1　实 验 目 的

通过本项实验，了解平辊轧制矩形断面轧件时的断面形状不规则（脱矩）现象，以及影响这一现象的因素，掌握无槽轧制时来料高宽比、道次压下率对轧件稳定性的影响规律。

38.2　实 验 原 理

金属材料在自由镦粗时，其来料的高度与宽度（或直径）之比 H/B（高宽比）对其变形的稳定性有着至关重要的影响。无夹持情况下，高宽比较大的来料在平辊间轧制容易失稳。图 38-1 中 a、b 两种情况轧件保持对称的单鼓形或双鼓形，这种对称的轧后形状都说明轧件在轧制中是稳定的，鼓形可在后续道次中压下消除。当来料高宽比大到一定程度时，轧件将在轧辊间失去稳定性，形成类似平行四边形的形状，如图 38-1 中 c 所示，这样的轧后形状对后续的轧制将极为不利，难以保持正确的成品形状尺寸。

当然，在来料有侧向夹持的状况下，轧件将不易失去稳定性，此时可采用较大高宽比的来料尺寸进行稳定轧制。

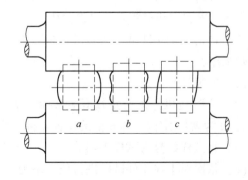

图 38-1　不同高宽比对轧件稳定性的影响

显然，材料属性和工艺条件也会影响这种轧制稳定性，这些影响因素包括金属材料的变形抗力、塑性、加热温度、摩擦条件、轧辊直径、变形量和变形速度、宽展后的鼓形状态甚至轧件端部形状等。

　　本项实验在上述众多的影响因素中选择来料高宽比对轧件的稳定性加以讨论分析。采用 4 件 H/B 值不同的试样，以同一种压下率 ε 进行轧制，量取轧后轧件的脱矩值 c（见图 38-2），计算脱矩度 c/b，分析 c/b 和 H/B 之间的关系。上述 H/B 值的取值范围为 1.2 ~ 1.8，压下率取值范围为 20% ~ 40%。如果 $c/b>10\%$，则可认为脱矩严重，轧件失去稳定性。

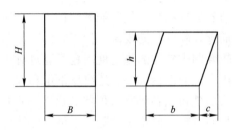

图 38-2　轧件尺寸示意图

38.3　实验材料和设备

　　（1）实验材料。铅制方坯，材质：Pb2，尺寸及数量为 20mm × 20mm × 100mm × 4 支/组。

　　（2）实验设备。ϕ130mm 实验轧机（平辊）1 台/组，导卫装置 1 套。

　　（3）其他。卷尺、游标卡尺各 1 把/组，帆布手套 2 副/组。

38.4　实验方法与步骤

　　（1）分组，每组 4 人，分别负责试验机操作、前后台送出料和数据记录，并共同完成轧制压下率制定和对结果的讨论分析。

　　（2）讨论确定 4 件试样的规格和对这 4 件试样的轧制规程，以获得 4 件 H/B 值不同的原始试样。

　　（3）安装导卫装置。

　　（4）开启轧机，按所定规程对铅制方坯进行轧制。并注意导卫的调整。轧出 $B =$ 10mm，H 为满足所定的 H/B 值的试样 4 种。将 H、B 记入表 38-1。

　　（5）将试样编号为试样 1~4。

　　（6）依次对上述 4 件试样进行压下率为 ε 的单道次轧制，注意此时不采用导卫装置。

　　（7）测量各试样轧后尺寸，并将数据记入表 38-1。

　　（8）清理实验现场。

　　（9）对实验数据进行讨论和分析，完成实验报告。

表 38-1　轧件稳定性实验数据记录表

试样	H	h	Δh	ε	B	b	c	c/b	说明
1									
2									
3									
4									

38.5　实验报告要求

（1）阐述实验目的、实验条件。

（2）叙述实验步骤。

（3）详述设备操作和原始铅坯的制作过程。

（4）记录设备和轧制工艺参数，记录各试样轧制前后尺寸，数据记录格式按表 38-1。

（5）对表 38-1 所记录的数据进行讨论分析。

思考与讨论

38-1　金属材料的变形抗力会怎样影响轧件稳定性？

38-2　如果带有张力，轧件的稳定性将会发生怎样的变化？

38-3　摩擦条件对稳定轧制的影响规律是怎样的？

38-4　宽展后的鼓形状态和轧件端部形状对稳定轧制有何影响？

38-5　轧辊直径对稳定轧制有何影响？

38-6　为了提高轧件的稳定性，在压下规程方面应作何考虑？

实验 39　金属最小弯曲半径实验

弯曲是金属成形的基本工序之一，金属板料冲压和冷弯型钢加工等几乎所有金属板件的折弯都与这一基本变形方式有关。弯曲成形的方法多种多样，冷弯加工的设备也种类繁多，比如可以采用普通冲床或压力机压弯，也可以在冷弯机组上进行连续冷弯成形。对于金属板材弯曲成形性能的了解是制定合理弯曲加工工艺制度的重要前提。本实验将完成两种不同材质和不同厚度金属板材的弯曲实验，测定其不受破坏前提之下的最小弯曲半径。

39.1　实　验　目　的

通过本次实验，理解最小弯曲半径的定义和作用，掌握金属板料最小弯曲半径的测定方法，并分析各种影响最小弯曲半径的因素，掌握其影响规律。

39.2　实　验　原　理

金属板料的最小弯曲半径是指在板料不发生破坏的情况下，所能弯曲成零件的内表面最小圆角半径。金属板料冲压和冷弯成形时的基本变形为弯曲变形。

图 39-1 所示为板料弯曲时的受力情况，P 为凸模施加的压力，N 为支反力，F 为材料流入凹模时的摩擦阻力。N 和 F 的合力在 y 方向上的分力乘以 a 就是弯矩，它使板料产生弯曲变形。

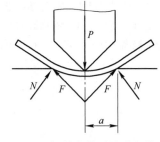

图 39-1　板料弯曲时的受力情况

39.2.1　弯曲时的应力应变状态和相对弯曲半径

图 39-2 所示为不同弯曲变形程度的应力分布，板料的最大切向应力为：

$$\sigma_{\theta_{\max}} = \pm E\varepsilon_{\theta_{\max}} = \pm E\, \frac{1}{1+2\dfrac{r}{t}} \tag{39-1}$$

由于弹性弯曲的条件为 $|\sigma_{\theta_{\max}}| < \sigma_{s}$，因而有相对弯曲半径：

$$\frac{r}{t} > 0.5\left(\frac{E}{\sigma_{s}} - 1\right)$$

r/t 是反映弯曲变形大小的重要参数。r/t 越小，弯曲变形程度越大。弯曲变形时，板料内外层表面首先分别达到压缩屈服和拉伸屈服，随着 r/t 逐渐减小，塑性变形由板料表面不断向内部扩展，此时弹塑性变形共存，如图 39-2（b）所示。当 $r/t < 20$ 时，板料进入

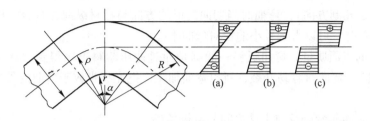

图 39-2　板料弯曲时变形区中切应力的分布

（a）弹性弯曲切应力分布；（b）弹-塑性弯曲切应力分布；（c）纯塑性弯曲切应力分布

线性塑性弯曲，弹性变形区小到可以忽略不计，如图 39-2（c）所示。当 $r/t<5\sim8$ 时，板料进入所谓立体塑性弯曲阶段，即板料厚度和宽度方向都出现了塑性变形。图 39-3 为窄板和宽板在立体塑性弯曲时的应力应变状态图示。

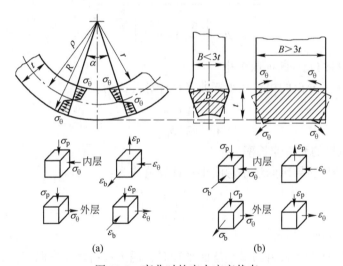

图 39-3　弯曲时的应力应变状态

（a）板料长度方向上应力应变状态图；（b）板料宽度方向上应变状态图

板材在弯曲过程中，外表面的切向拉伸变形程度最大，当外表面的变形程度超过极限变形程度时，板料就会破裂。板料弯曲时的极限变形程度可用最小相对弯曲半径来描述。

r/t 越小，弯曲变形就越大。当 r/t 小到某一临界值，变形区最外层金属就会超过所允许的伸长极限而发生裂纹或断裂。因此，在保证弯曲零件外表面不破裂前提下所能达到的最小 r/t 值，称为最小相对弯曲半径，用 r_{min}/t 来表示。

39.2.2　影响最小相对弯曲半径的因素

影响最小相对弯曲半径的因素主要有以下几点。

（1）材料的塑性。塑性好的板料可有较小 r_{min}/t 值。

（2）材料的组织性能取向。弯曲加工所用的板材，多为冷轧钢板或热轧钢板。在板材平面内不同方向上的力学性能有较大的差别。板材纵向（轧制方向）的塑性指标大于横向的（垂直于轧制方向），弯曲时当切向变形的方向与板材纵向相重合，即弯曲线方向与板材纵向垂直时，可以得到较小的相对弯曲半径。

（3）板料的表面质量。弯曲板料一般都是通过冲压落料工序得到，其表面上有断裂带、毛刺等缺陷，弯曲时容易开裂，所以弯曲加工应把光亮带放于弯曲的外侧，断裂带放于内侧。

（4）模具表面质量以及与工件之间的摩擦条件。

（5）板料厚度 t。板料厚度 t 值与最小弯曲半径有着直接关系，所以通常将极限相对弯曲半径 $r_{\min}/t$ 作为考察板料弯曲能力的参数。

39.2.3　最小相对弯曲半径的理论计算

按强度条件所导出的相对最小弯曲半径计算公式为：

$$\frac{r_{\min}}{t} = \frac{1}{2\psi_{\mathrm{m}}\left[\frac{\sqrt{3}}{2}(1-\psi_{\mathrm{m}})\right]^{\frac{1-\psi_{\mathrm{m}}}{\psi_{\mathrm{m}}}}} - \frac{1}{2} \tag{39-2}$$

式中　ψ_{m}——板料的允许断面收缩率。

按许用伸长率所导出的相对最小弯曲半径计算公式为：

$$\frac{r_{\min}}{t} = \frac{1}{2}\left(\frac{1}{\delta_{\max}} - 1\right) \tag{39-3}$$

式中　$\delta_{\max}$——板料的允许伸长率。

按失稳极限条件所导出的最小弯曲半径计算公式为：

$$\frac{r_{\min}}{t} = \frac{1}{2}\left(\frac{1}{n} - 1\right) \tag{39-4}$$

式中　n——板料的硬化指数。

一般说来，估计金属板料的最小弯曲半径时，退火板料最小弯曲半径为 $0.4t$；有加工硬化的金属板料的最小弯曲半径为 $0.8t$。

上述各计算公式可在弯曲试验时用于估计并选用上凸模圆弧半径。为了可在一次压弯中完成一种板料的最小弯曲半径测定，忽略板料宽度对最小弯曲半径的影响，将实验用凸模设计成弯曲角为 90°、沿其宽度 x 方向压弯半径从 5~0mm 连续变化，如图 39-4 所示。压弯完成之后观察试样弯口处形态，将外侧出现裂纹处（见图 39-5）所对应的凸模曲率半径作为该材料的最小弯曲半径 $r_{\min}$。

应用上述原理，对不同厚度和方向性的并且具有加工硬化的铝板进行弯曲实验，以分析这三种因素对其最小弯曲半径的影响。

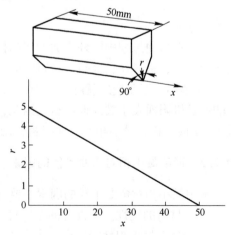

图 39-4　凸模曲率半径的变化

图 39-5　板料外侧出现裂纹

39.3　实验材料和设备

（1）实验材料。铝板，材质：变形铝 LY11，尺寸及数量为 3mm×40mm×150mm×1 块/组。

（2）实验设备。ϕ130mm 实验轧机 1 台/组，100kN 万能材料试验机 1 台（见图 21-4），模具 1 套（见图 39-6），剪板机 1 台。

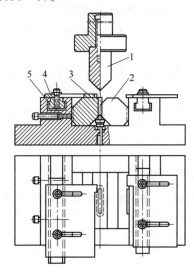

图 39-6　通用 V 形弯曲模
1—凸模；2—凹模；3—顶出杆；4—定位板；5—滑块

（3）其他。卷尺、钢皮尺各 1 把/组，帆布手套 2 副/组。

39.4　实验方法与步骤

（1）分组。每组 4 人，分别负责板料准备、试验机操作、模具安装和数据记录，并共同完成对结果的讨论分析。

（2）试样制备如图 39-7 所示。将 3mm×40mm×150mm 铝板 1 块在剪板机上剪下3mm×40mm×40mm 试样 1 件，编号为 1。

将剩余的板料在实验轧机上沿长度方向轧至厚度为 2mm，在剪板机上剪下 2mm×40mm×40mm 试样 2 件，并标明轧制方向，编号依次为 2、3。

将剩余的板料在实验轧机上沿长度方向轧至厚度为 1.5mm，在剪板机上剪下 1.5mm×40mm×40mm 试样 2 件，并标明轧制方向，编号依次为 4、5。

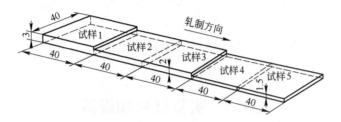

图 39-7　试样制备方式示意图（单位：mm）

（3）在万能材料试验机上安装模具，注意凸模、凹模的相对位置，顶出杆、定位板和滑块可以不安装。

（4）调整试验机凸模的压弯极限位置为距离凹模上方 $t×1.414$mm（t 为试样厚度）。

（5）将试样 1、3、5 按轧制方向平行于凸模刃口方向依次放在凹模上进行压弯至极限位置 $t×1.414$mm。

（6）将试样 2、4 按轧制方向垂直于凸模刃口方向依次放在凹模上进行压弯至极限位置 $t×1.414$mm。

（7）观察各试样压弯后的外侧表面，将出现裂纹处所对应的凸模圆角半径 r 记入表 39-1。

（8）清理实验现场。

（9）对实验数据进行讨论和分析，完成实验报告。

表 39-1　最小弯曲半径实验数据记录表

试样号	试样尺寸 $t×b×l$/mm×mm×mm	试样方向	裂纹位置 x/mm	最小弯曲半径 r_{min}/mm	表面裂纹形态
1					
2					
3					
4					
5					

39.5　实验报告要求

（1）阐述实验目的、实验条件。

（2）叙述实验步骤和设备操作过程。

（3）记录设备参数、试样尺寸、最小弯曲半径所对应的位置和所量取的凸模弯曲半径，描述表面裂纹形态。数据记录格式按表 39-1。

思考与讨论

39-1　金属板料的最小弯曲半径的测定有何实际意义？

39-2　金属最小弯曲半径的影响因素有哪些，其中的主要影响因素是什么，这些因素又是怎样影响最小弯曲半径的？

39-3　摩擦条件对金属最小弯曲半径的影响规律是怎样的？

39-4　试设计一个实验方案研究板宽对最小弯曲半径的影响。

39-5　模具的压弯速度对最小弯曲半径有没有影响？试说明理由。

39-6　一块经冷轧硬态交货的钢板，在冷弯前落料时是否需要考虑其方向性，为什么？

参 考 文 献

[1] 李云雁，胡传荣. 试验设计与数据处理 [M]. 北京：化学工业出版社，2008.

[2] 郑少华，姜奉华. 试验设计与数据处理 [M]. 北京：中国建材工业出版社，2004.

[3] 徐春. 金属塑性成形理论 [M]. 2 版. 北京：冶金工业出版社，2021.

[4] 李尧. 金属塑性成形原理 [M]. 北京：机械工业出版社，2004.

[5] 丁建生. 金属学与热处理 [M]. 北京：机械工业出版社，2004.

[6] 哈宽富. 金属力学性质的微观理论 [M]. 北京：科学出版社，1983.

[7] 汪大年. 金属塑性成形原理 [M]. 北京：机械工业出版社，1982.

[8] 苏玉芹. 金属塑性变形原理 [M]. 北京：冶金工业出版社，1995.

[9] 贺毓辛. 现代轧制理论 [M]. 北京：冶金工业出版社，1993.

[10] 魏立群. 金属压力加工原理 [M]. 2 版. 北京：冶金工业出版社，2021.

[11] 赵志业. 金属塑性变形与轧制理论 [M]. 北京：冶金工业出版社，1980.

[12] 陆济民. 轧制原理 [M]. 北京；冶金工业出版社，1993.

[13] 吕立华. 金属塑性变形与轧制原理 [M]. 北京：化学工业出版社，2007.

[14] 张小平，袁建平. 轧制理论 [M]. 北京：冶金工业出版社，2006.

[15] 齐克敏，丁桦. 材料成形工艺学 [M]. 北京：冶金工业出版社，2006.

[16] 温景林，丁桦. 有色金属挤压与拉拔技术 [M]. 北京：化学工业出版社，2007.

[17] 温景林. 金属挤压与拉拔工艺 [M]. 沈阳：东北大学出版社，1996.

[19] 马怀宪. 金属塑性加工学——挤压、拉拔与管材冷轧 [M]. 北京：冶金工业出版社，1991.

[19] 杨守山. 有色金属塑性加工学 [M]. 北京：冶金工业出版社，1983.

[20] 那顺桑. 金属材料工程专业实验教程 [M]. 北京：冶金工业出版社，2004.

[21] 林治平. 金属塑性变形的实验方法 [M]. 北京：冶金工业出版社，2004.

[22] 施雯，戚飞鹏、杨弋涛. 金属材料工程实验教程 [M]. 北京：化学工业出版社，2009.

[23] 潘清林. 金属材料科学与工程实验教程 [M]. 长沙：中南大学出版社，2006.

[24] 吴润，刘静. 金属材料工程实践教学综合实验指导书 [M]. 北京：冶金工业出版社，2008.

[25] 赵刚，胡衍生. 材料成形及控制工程综合实验指导书 [M]. 北京：冶金工业出版社，2008.

[26] 杨合，詹梅. 材料加工过程实验建模方法 [M]. 西安：西北工业大学出版社，2008.

[27] 胡灶福，李胜祗. 材料成形实验技术 [M]. 北京：冶金工业出版社，2007.

[28] 柳谋渊. 金属压力加工工艺学 [M]. 北京：冶金工业出版社，2008.

[29] И·П·卢波欣，Г·Я·贡，А·М·加尔金. 金属与合金的塑性变形抗力 [M]. 林治平，译. 北京：机械工业出版社，1984.

[30] 夏巨谌. 金属塑性成形综合实验 [M]. 北京：机械工业出版社，2010.

[31] 日本塑性加工学会. 旋压成形技术 [M]. 陈敬之，译. 北京：机械工业出版社，1988.

[32] 李胜祗，李连诗，孙中建. 二辊斜轧实心圆坯三维有限元分析及中心孔腔形成机制 [J]. 金属学报，1999，35 (12)：1274-1279.

[33] 官英平，王凤琴，李洪波. 板材弯曲最小相对弯曲半径计算方法探讨 [J]. 金属成形工艺，2003，21 (5)：52-53.

冶金工业出版社部分图书推荐

书　名	作　者				定价(元)
冶金专业英语（第 3 版）	侯向东				49.00
电弧炉炼钢生产（第 2 版）	董中奇	王　杨	张保玉		49.00
转炉炼钢操作与控制（第 2 版）	李　荣	史学红			58.00
金属塑性变形技术应用	孙　颖	张慧云	郑留伟	赵晓青	49.00
自动检测和过程控制（第 5 版）	刘玉长	黄学章	宋彦坡		59.00
新编金工实习（数字资源版）	韦健毫				36.00
化学分析技术（第 2 版）	乔仙蓉				46.00
冶金工程专业英语	孙立根				36.00
连铸设计原理	孙立根				39.00
金属塑性成形理论（第 2 版）	徐　春	阳　辉	张　弛		49.00
金属压力加工原理（第 2 版）	魏立群				48.00
现代冶金工艺学——有色金属冶金卷	王兆文	谢　锋			68.00
有色金属冶金实验	王　伟	谢　锋			28.00
轧钢生产典型案例——热轧与冷轧带钢生产	杨卫东				39.00
Introduction of Metallurgy 冶金概论	宫　娜				59.00
The Technology of Secondary Refining 炉外精炼技术	张志超				56.00
Steelmaking Technology 炼钢生产技术	李秀娟				49.00
Continuous Casting Technology 连铸生产技术	于万松				58.00
CNC Machining Technology 数控加工技术	王晓霞				59.00
烧结生产与操作	刘燕霞	冯二莲			48.00
钢铁厂实用安全技术	吕国成	包丽明			43.00
炉外精炼技术（第 2 版）	张士宪	赵晓萍	关　昕		56.00
湿法冶金设备	黄　卉	张凤霞			31.00
炼钢设备维护（第 2 版）	时彦林				39.00
炼钢生产技术	韩立浩	黄伟青	李跃华		42.00
轧钢加热技术	戚翠芬	张树海	张志旺		48.00
金属矿地下开采（第 3 版）	陈国山	刘洪学			59.00
矿山地质技术（第 2 版）	刘洪学	陈国山			59.00
智能生产线技术及应用	尹凌鹏	刘俊杰	李雨健		49.00
机械制图	孙如军	李　泽	孙　莉	张维友	49.00
SolidWorks 实用教程 30 例	陈智琴				29.00
机械工程安装与管理——BIM 技术应用	邓祥伟	张德操			39.00
化工设计课程设计	郭文瑶	朱　晟			39.00
化工原理实验	辛志玲	朱　晟	张　萍		33.00
能源化工专业生产实习教程	张　萍	辛志玲	朱　晟		46.00
物理性污染控制实验	张　庆				29.00
现代企业管理（第 3 版）	李　鹰	李宗妮			49.00